JN011211

ユーキャンの

数学検定

ステップアップ問題集【第4版】

級

ユーキャンが よくわかる！その理由

でるポイントを重点マスター！

■出題傾向を徹底分析

過去の検定問題を徹底的に分析し，
効率的な学習をサポートします。

■分野別学習で苦手克服

出題傾向に合わせた分野別の構成で，
苦手分野を重点的に学習することが可能です。

丁寧な解説でよくわかる

■問題ごとにわかりやすく解説

覚えておきたい公式や間違い
やすい箇所を押さえながら，
問題を解くのに必要な手順を
わかりやすく解説しています。

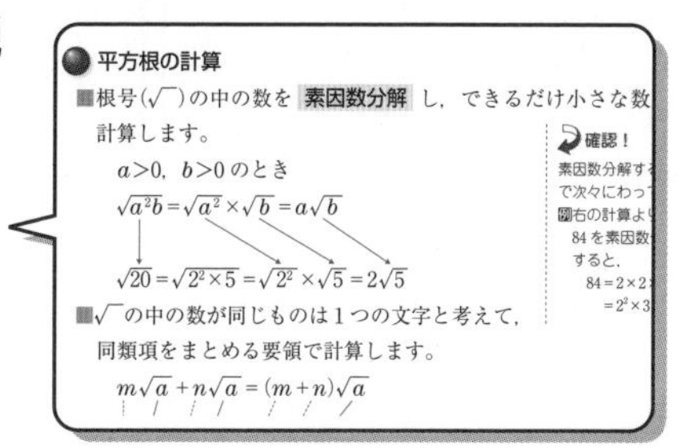

平方根の計算

■根号（$\sqrt{\ }$）の中の数を 素因数分解 し，できるだけ小さな数
計算します。

$a>0$，$b>0$ のとき

$\sqrt{a^2b}=\sqrt{a^2}\times\sqrt{b}=a\sqrt{b}$

$\sqrt{20}=\sqrt{2^2\times5}=\sqrt{2^2}\times\sqrt{5}=2\sqrt{5}$

■$\sqrt{\ }$ の中の数が同じものは1つの文字と考えて，
同類項をまとめる要領で計算します。

$m\sqrt{a}+n\sqrt{a}=(m+n)\sqrt{a}$

確認！
素因数分解する
で次々にわって
例右の計算よ
84 を素因数
すると，
$84=2\times2\times$
$=2^2\times3$

チャレンジ問題＆検定対策で実践力アップ！

■ステップアップ方式で挑戦できるチャレンジ問題

各レッスンで学習した要点に
沿ったチャレンジ問題A・B
で段階的に実践力を身につけ
ることが可能です。

A チャレンジ問題

得点
全9問

解き方と解答 24〜26ページ

1 次の式を展開して計算しなさい。

■予想模擬（2回分）＋過去問（1回分）を収録

学習の総まとめとして，時間配分を意識しながら
挑戦してみましょう。

本書の使い方

●出題傾向を把握

『ここが出題される』で出題傾向を確認し，学習に入る準備をしましょう。

ここが出題される

※出題傾向は，過去問題の分析がもとになっています。

●POINTを学習

各レッスンで重要となる『POINT』部分をチェックしましょう。

POINT 1

●例題で確認

『POINT』で学習した内容に沿った例題を解き，理解を深めていきましょう。

一緒に学習しよう

学習内容についてアドバイスしていきます。よろしくお願いします。

とくじろう先生

みなさんと一緒に学習していきます。よろしくね。

生徒：かずみさん

欄外で理解を深めよう

問題を解くうえで覚えておくと役に立つ情報です。

重要な定理・公式について改めて確認します。

間違いやすい部分について解説しています。

---

4 1次方程式・2次方程式

1次方程式では，移項して解くものや，分数係数のものが出題され，2次方程式では，因数分解を利用して解くものと，解の公式を利用して解くものが出題されています。

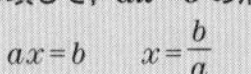

1次方程式の解き方

移項して，$ax=b$ の形に直す。

$ax=b \qquad x=\dfrac{b}{a}$

● 1次方程式を解く手順

① 文字の項は左辺に，数の項は右辺に **移項** する。

② 両辺を整理して，$ax=b$ の形にする。

③ 両辺を **x の係数** でわる。

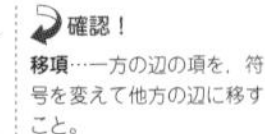

例

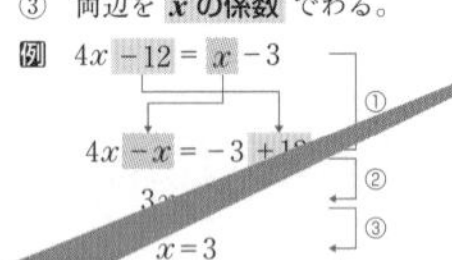

例題 1

1次方程式 $5x-4=7x+8$ を解きなさい。

解答・解説

$5x-4=7x+8$ 　xの項は左辺へ，数の項は右辺へ移項する。

$5x-7x=8+4$ 　$ax=b$ の形にする。

$-2x=12$ 　両辺を -2 でわる。

$x=-6$ 答

56

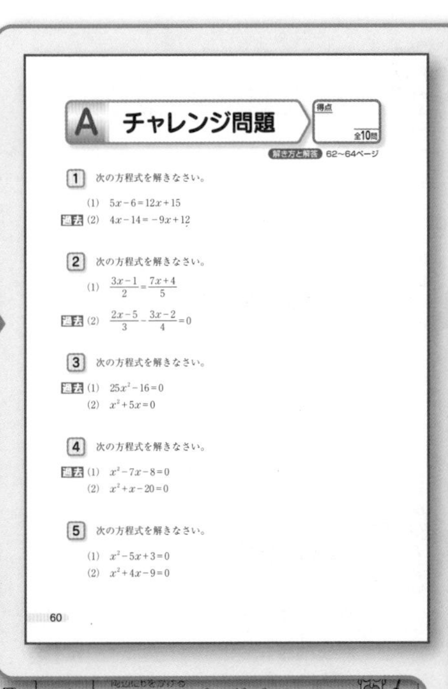

A チャレンジ問題

得点　　全10問

解き方と解答 62〜64ページ

1 次の方程式を解きなさい。

(1) $5x-6=12x+15$

過去 (2) $4x-14=-9x+12$

2 次の方程式を解きなさい。

(1) $\frac{3x-1}{2}=\frac{7x+4}{5}$

過去 (2) $\frac{2x-5}{3}-\frac{3x-2}{4}=0$

3 次の方程式を解きなさい。

過去 (1) $25x^2-16=0$

(2) $x^2+5x=0$

4 次の方程式を解きなさい。

過去 (1) $x^2-7x-8=0$

(2) $x^2+x-20=0$

5 次の方程式を解きなさい。

(1) $x^2-5x+3=0$

(2) $x^2+4x-9=0$

60

●問題にチャレンジ

学習した内容をしっかりと身に付けるために，実際の過去問題を含むチャレンジ問題に挑戦しましょう。

※難易度はA→Bのステップアップ方式です。
※**過去** は実際の検定で出題された問題です。

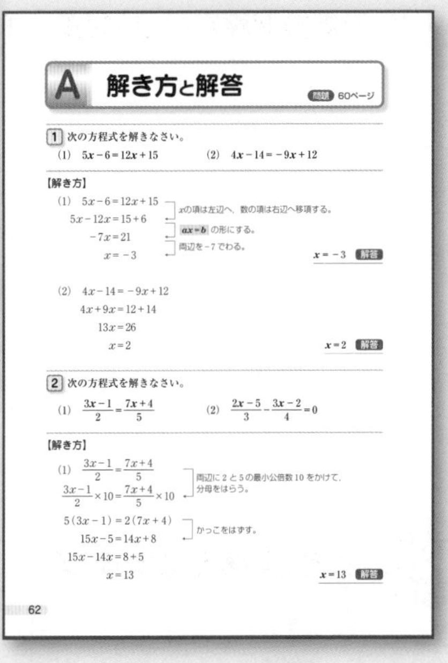

A 解き方と解答

問題 60ページ

1 次の方程式を解きなさい。

(1) $5x-6=12x+15$　　(2) $4x-14=-9x+12$

【解き方】

(1)
$$5x-6=12x+15$$
$$5x-12x=15+6$$
$$-7x=21$$
$$x=-3$$

xの項は左辺へ，数の項は右辺へ移項する。
$ax=b$ の形にする。
両辺を-7でわる。

$x=-3$ 解答

(2)
$$4x-14=-9x+12$$
$$4x+9x=12+14$$
$$13x=26$$
$$x=2$$

$x=2$ 解答

2 次の方程式を解きなさい。

(1) $\frac{3x-1}{2}=\frac{7x+4}{5}$　　(2) $\frac{2x-5}{3}-\frac{3x-2}{4}=0$

【解き方】

(1)
$$\frac{3x-1}{2}=\frac{7x+4}{5}$$
$$\frac{3x-1}{2}\times 10=\frac{7x+4}{5}\times 10$$
$$5(3x-1)=2(7x+4)$$
$$15x-5=14x+8$$
$$15x-14x=8+5$$
$$x=13$$

両辺に2と5の最小公倍数10をかけて，分母をはらう。
かっこをはずす。

$x=13$ 解答

62

例 $\frac{1}{3}x+2=\frac{1}{2}$ ──両辺に6をかける──→ $2x+12=3$

● 係数に分数を含む1次方程式は，両辺に **分母の最小公倍数** をかけて，分母をはらって計算します。

例
$$\frac{1}{2}x=\frac{1}{4}x+1$$
$$\frac{1}{2}x\times 4=\left(\frac{1}{4}x+1\right)\times 4$$
$$2x=x+4$$
$$x=4$$

両辺に2と4の最小公倍数4をかけて，分母をはらう。

例題2

1次方程式 $\frac{x-5}{4}-\frac{2x+7}{6}=0$ を解きなさい。

解答・解説

$$\frac{x-5}{4}-\frac{2x+7}{6}=0$$
$$\frac{x-5}{4}\times 12-\frac{2x+7}{6}\times 12=0$$

両辺に4と6の最小公倍数12をかけて，**分母をはらう**。

$3(x-5)-2(2x+7)=0$　← **かっこをつけて** 考える。

$3x-15\ -4x-14\ =0$

└─符号に注意。$(-2)\times 2x+(-2)\times 7$

移項 する。

$$3x-4x=15+14$$
$$-x=29$$
$$x=-29$$ 答

注意
分母をはらうとき，分子にはかっこをつけて計算する。かっこをはずすときは，符号に注意する。

57

●予想模擬＋過去問で学習の総仕上げ

予想模擬（2回）＋過去問（1回）で実力の定着をはかります。
解けなかった問題は別冊の解答解説をしっかり確認しましょう。

目次

検定概要

●実用数学技能検定®（数学検定・算数検定）とは

数学検定と算数検定は正式名称を「実用数学技能検定」といい，それぞれ1～5級と6～11級，「かず・かたち検定」があります。公益財団法人日本数学検定協会が実施している数学・算数の実用的な技能を測る検定です。

●1次：計算技能検定について（1級～5級）

おもに計算技能をみる検定で，解答用紙に解答だけを記入する形式です。

●2次：数理技能検定について（1級～5級）

数理応用技能をみる検定で，電卓の使用が認められています。5級から3級までは，解答用紙に解答だけを記入する形式になっており，一部，記述式の問題や作図が出題される場合もあります。準2級から1級までは記述式になっています。

また，学校の教科書で習う一般的な算数・数学の問題の他に，身の回りにある「数学」に関する独自の特徴的な問題も出題されます。

なお，算数検定（6級以下）には1次・2次の区分はありません。

●検定の日程

個人受検（個人で申込み）の場合

4月，7月，10月(または11月)の年3回。公益財団法人日本数学検定協会の指定する会場で，日曜日に受検します。

提携会場受検（個人で申込み）の場合

実施する検定回や階級は，会場ごとに異なります。

団体受検（学校・学習塾など5名以上で申込み）の場合

年15回程度，ほぼ毎月行われ，それぞれの学校・学習塾で受検します。

※詳しい検定日は,実用数学技能検定公式サイトをご覧ください。
(https://www.su-gaku.net/suken/)

▶検定階級と主な検定内容(学年の目安※)

※学習する学年

準 1 級から 10 級までの出題範囲は複数学年にわたります。各階級の出題範囲の詳細は，実用数学技能検定公式サイトをご覧ください。
(https://www.su-gaku.net/suken/)

1　級	微分法，積分法，線形代数，確率，確率分布　など（大学）	
準1級	極限，微分法・積分法，いろいろな関数，複素数平面　など（高3）	
2　級	指数関数，三角関数，円の方程式，複素数　など（高2）	
準2級	2次関数，三角比，データの分析，確率　など（高1）	
3　級	平方根，展開と因数分解，2次方程式，相似比　など（中3）	
4　級	連立方程式，三角形の合同，四角形の性質　など（中2）	
5　級	正負の数，1次方程式，平面図形，空間図形　など（中1）	
6　級	分数を含む四則混合計算，比の理解，比例・反比例　など（小6）	
7　級	基本図形，面積，整数や小数の四則混合計算，百分率　など（小5）	
8　級	整数の四則混合計算，長方形・正方形の面積　など（小4）	
9　級	1けたの数でわるわり算，長さ・重さ・時間の単位と計算　など（小3）	
10　級	かけ算の意味と九九，正方形・長方形・直角三角形の理解　など（小2）	
11　級	整数のたし算・ひき算，長さ・広さ・かさなどの比較　など（小1）	
かず・かたち検定	ゴールドスター	10までの数の理解，大小・長短など（小学校入学前）
	シルバースター	5までの数の理解，大小・長短など（小学校入学前）

●検定時間及び問題数

階級	検定時間		検定問題数	
	1次	2次	1次	2次
1級	60分	120分	7問	2題必須・5題より2題選択
準1級	60分	120分	7問	2題必須・5題より2題選択
2級	50分	90分	15問	2題必須・5題より3題選択
準2級	50分	90分	15問	10問
3級	50分	60分	30問	20問
4級	50分	60分	30問	20問
5級	50分	60分	30問	20問
6~8級	50分		30問	
9~11級	40分		20問	
かず・かたち検定	40分		15問	

●検定料

検定料は受検階級・受検方法によって異なります。
詳しくは，実用数学技能検定公式サイトをご覧ください。
(https://www.su-gaku.net/suken/)

●持ち物（1級~5級）

受検証（個人受検と提携会場受検のみ）・筆記用具・定規・コンパス・電卓
（定規・コンパス・電卓は，２次：数理技能検定に使用します）

●合格基準

1級～5級

1次：計算技能検定…問題数の70％程度の得点で合格となります。

2次：数理技能検定…問題数の60％程度の得点で合格となります。

6級～11級

問題数の70％程度の得点で合格となります。

かず・かたち検定

15問中10問の正答で合格となります。

●結果の通知

検定実施後約40日程度で，合格者に合格証が，受検者全員に成績票が送付されます。

●合格したら（1級～5級）

① 1次：計算技能検定・2次：数理技能検定ともに合格した人には，実用数学技能検定合格証が与えられます。

② 1次：計算技能検定・2次：数理技能検定のいずれかに合格した人には，該当の検定合格証が与えられます。

▶受検申込み方法

受検方法によって異なります。

詳細については実用数学技能検定公式サイトをご覧ください。

(https://www.su-gaku.net/suken/)

〈実用数学技能検定についての問い合わせ先〉

公益財団法人 日本数学検定協会

〒110-0005　東京都台東区上野5-1-1　文昌堂ビル4階

Tel 03-5812-8349　(受付時間:平日10:00 ~ 16:00)

Fax 03-5812-8345　(24時間受付)

公式サイトURL　https://www.su-gaku.net/suken/

※記載している検定概要は変更になる場合がありますので，受検される際には公式サイトをご覧ください。

重要定理・公式まとめてCheck!

～苦手単元の発見や，検定直前の最終チェックに活用しましょう～

式の展開・因数分解

■ 分配法則

$$m(a+b)=m\times a+m\times b$$
$$=ma+mb$$

$$(a+b)(c+d)=ac+ad+bc+bd$$

■ 乗法公式

① $(x+a)(x+b)=x^2+(a+b)x+ab$

② $(a+b)^2=a^2+2ab+b^2$

③ $(a-b)^2=a^2-2ab+b^2$

④ $(a+b)(a-b)=a^2-b^2$

■ 因数分解の公式

① $ma+mb=m(a+b)$

② $x^2+(a+b)x+ab=(x+a)(x+b)$

③ $a^2+2ab+b^2=(a+b)^2$

④ $a^2-2ab+b^2=(a-b)^2$

⑤ $a^2-b^2=(a+b)(a-b)$

数の計算

■ かけ算とわり算の混じった計算

・答えの符号…負の数の個数によって決まる。

－(マイナス)が奇数個 → －

－(マイナス)が偶数個 → ＋

$$12\div(-24)\times(-8)$$

わる数は逆数にしてかけ算にする。

$$=12\times\left(-\frac{1}{24}\right)\times(-8)$$
$$=+12\times\frac{1}{24}\times8$$

負の数2個(偶数個)

$$=4$$

■ 指数を含む数の計算

・$-a^3=-(a\times a\times a)$

・$(-a)^3=(-a)\times(-a)\times(-a)$

■ 指数を含む正負の数の四則計算

① 指数の計算 → ② かけ算・わり算 →

③ たし算・ひき算　の順で計算する。

■ 平方根の計算

$a>0$，$b>0$ のとき

① $m\sqrt{a}+n\sqrt{a}=(m+n)\sqrt{a}$

② $m\sqrt{a}-n\sqrt{a}=(m-n)\sqrt{a}$

③ $\sqrt{a}\times\sqrt{b}=\sqrt{ab}$

④ $\dfrac{\sqrt{a}}{\sqrt{b}}=\sqrt{\dfrac{a}{b}}$

⑤ $\sqrt{a^2b}=\sqrt{a^2}\times\sqrt{b}=a\sqrt{b}$

式の計算

■ 単項式の乗法・除法

①乗法(かけ算)

係数は係数どうし，文字は文字どうしで計算する。

$$2a\times3b=6ab$$

②除法(わり算)

逆数をかける乗法に直して計算する。

$$8a^2b\div4ab=8a^2b\times\frac{1}{4ab}$$

逆数にしてかける。

方程式

■ 1次方程式の解き方

移項して，$ax=b$ の形に直す。

$$ax=b$$
$$x=\frac{b}{a}$$
両辺を x の係数 a でわる。

■ 連立方程式（代入法）

1つの式の1つの文字を，もう1つの式に代入して，その文字を消去する方法。

■ 連立方程式（加減法）

2つの式の左辺どうし，右辺どうしを，それぞれ，たすかひくかして，1つの文字を消去する方法。

■ 2次方程式の解き方

▶ $x^2=k$（k は正の数）のとき

x は k の平方根と考える

⇨ $x=\pm\sqrt{k}$

▶ $x^2+ax+b=0$ の左辺が因数分解できるとき

① $x(x+a)=0$

⇨ $x=0$ または $x+a=0$

⇨ $x=0$，$x=-a$

② $(x+a)(x+b)=0$

⇨ $x+a=0$ または $x+b=0$

⇨ $x=-a$，$x=-b$

③ $(x+a)^2=0$

⇨ $x+a=0$

⇨ $x=-a$

▶解の公式

$ax^2+bx+c=0$ $(a\neq0)$ の解は，

$$x=\frac{-b\pm\sqrt{b^2-4ac}}{2a}$$

関数

■ 比例・反比例

y は x に比例する ⇨ $y=ax$（a は比例定数）

y は x に反比例する ⇨ $y=\frac{a}{x}$（a は比例定数）

■ 比例 $y=ax$ のグラフ

・原点を通る直線

・$a>0$ で右上がり，$a<0$ で右下がり

■ 反比例 $y=\frac{a}{x}$ のグラフ

・双曲線とよばれる曲線

・$a>0$で右上と左下に現れ，$a<0$で左上と右下に現れる

■ 1次関数

yはxの1次関数 ⇨ $y=ax+b$

■ 変化の割合

・変化の割合$=\frac{y\text{ の増加量}}{x\text{ の増加量}}$

■ 1次関数 $y=ax+b$ のグラフ

・直線 $y=ax$ に平行で，点$(0,\ b)$を通る直線

・a を傾きという

・b を切片という

・変化の割合が一定で，傾き a に等しい

■ 2乗に比例する関数

y が x の2乗に比例する ⇨ $y=ax^2$

■ 関数 $y=ax^2$ のグラフ

・原点を頂点とする放物線

・y 軸について対称となる

・$a>0$ で上に開き，$a<0$ で下に開く

・a の絶対値が大きいほど，開き方は小さい

平面図形

■ 円に関する公式(半径 r)

・円周の長さ　$\ell = 2\pi r$

・円の面積　$S = \pi r^2$

■ おうぎ形に関する公式(半径 r, 中心角 $a°$)

・おうぎ形の弧の長さ

$$\ell = 2\pi r \times \frac{a}{360}$$

・おうぎ形の面積

$$S = \pi r^2 \times \frac{a}{360}$$

■ 平行線と角

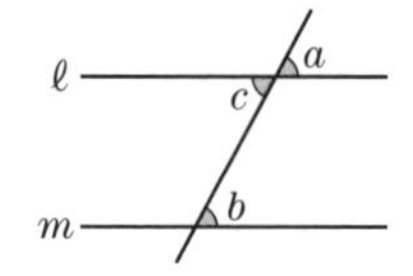

$\ell \parallel m$ ならば

同位角　$\angle a = \angle b$

錯角　$\angle b = \angle c$

■ 多角形の内角の和

n 角形の内角の和は，$180° \times (n-2)$

■ 多角形の外角の和

n 角形の外角の和は，n に関わりなく $360°$

■ 正 n 角形の1つの外角の大きさ

$$360° \div n = \frac{360°}{n}$$

■ 正 n 角形の1つの内角の大きさ

$$180° - \frac{360°}{n}$$

■ 三角形の内角と外角の性質

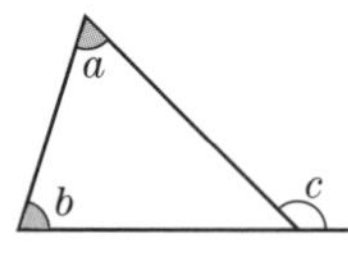

三角形の１つの外角は，となり合わない２つの内角の和に等しい。

$\angle c = \angle a + \angle b$

■ 三角形の合同条件

①３組の辺がそれぞれ等しい

②２組の辺とその間の角がそれぞれ等しい

③１組の辺とその両端の角がそれぞれ等しい

■ 直角三角形の合同条件

①斜辺と他の１辺がそれぞれ等しい

②斜辺と１つの鋭角がそれぞれ等しい

■ 平行四辺形の性質

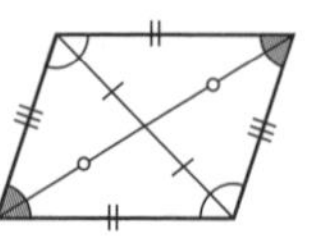

・２組の向かい合う辺がそれぞれ等しい

・２組の向かい合う角がそれぞれ等しい

・対角線はそれぞれの中点で交わる

■ 平行四辺形になるための条件

①２組の向かい合う辺がそれぞれ平行(定義)

②２組の向かい合う辺がそれぞれ等しい

③２組の向かい合う角がそれぞれ等しい

④対角線がそれぞれの中点で交わる

⑤１組の向かい合う辺が等しくて平行

■ 三角形の相似条件

①３組の辺の比がすべて等しい

②２組の辺の比とその間の角がそれぞれ等しい

③２組の角がそれぞれ等しい

■ 三角形と線分の比

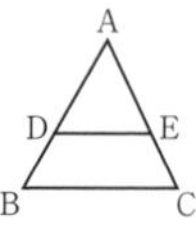

DE // BC ならば，

AD：AB＝AE：AC＝DE：BC

AD：DB＝AE：EC

■ 中点連結定理

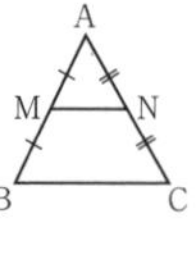

△ABCの２辺AB，ACの中点をそれぞれM, Nとすると，

$MN \parallel BC$，$MN = \frac{1}{2}BC$

■ 平行線と比

$\ell \parallel m \parallel n$ ならば，

AB：BC＝DE：EF

■ 円周角の定理

1つの弧に対する円周角の大きさは一定であり，その弧に対する中心角の大きさの半分である。

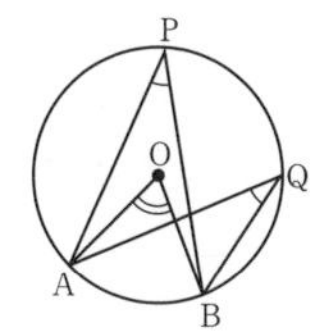

$\angle \mathrm{APB} = \dfrac{1}{2}\angle \mathrm{AOB}$

$\angle \mathrm{APB} = \angle \mathrm{AQB}$

■ 円周角と弧

1つの円で，等しい弧に対する円周角は等しい。

$\overset{\frown}{\mathrm{AB}} = \overset{\frown}{\mathrm{CD}}$ ならば，

$\angle \mathrm{APB} = \angle \mathrm{CQD}$

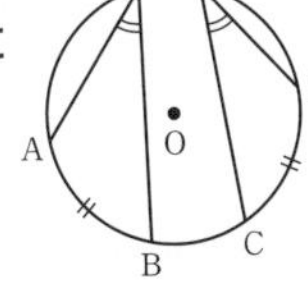

相似な図形の面積

■ 相似な図形の面積比

相似比 …$\boldsymbol{a} : \boldsymbol{b}$ ⇒面積比 … $\boldsymbol{a}^2 : \boldsymbol{b}^2$

相似な立体の表面積と体積

■ 相似な立体の表面積の比と体積の比

相似比 … $\boldsymbol{a} : \boldsymbol{b}$ ⇒表面積の比 … $\boldsymbol{a}^2 : \boldsymbol{b}^2$

⇒体 積 の 比 … $\boldsymbol{a}^3 : \boldsymbol{b}^3$

三平方の定理

■ 三平方の定理

斜辺の長さが $\boldsymbol{c}$ の直角三角形で，

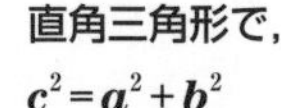

$\boldsymbol{c}^2 = \boldsymbol{a}^2 + \boldsymbol{b}^2$

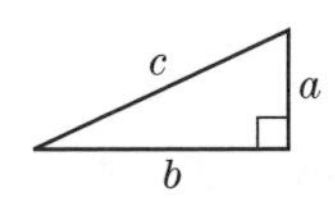

■ 特別な直角三角形

$1 : 1 : \sqrt{2}$　　　　$1 : 2 : \sqrt{3}$

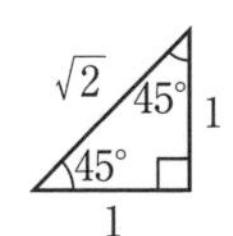

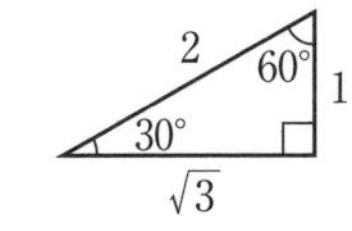

空間図形

■ ねじれの位置

・空間内の2直線が，平行でなく，交わらないような位置関係

・空間内の2直線が，同じ平面上にない位置関係

■ 立体の表面積

・円柱，角柱の表面積＝底面積×2＋側面積

・円錐，角錐の表面積＝底面積＋側面積

■ 円柱の側面積

・底面の円周＝側面の長方形の横の長さ

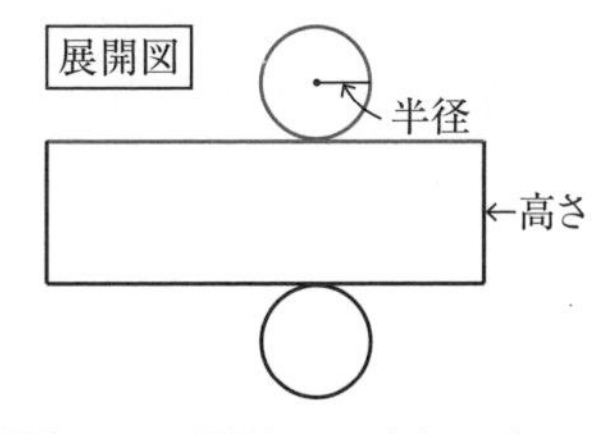

・側面積＝2×円周率 π ×半径×高さ

■ 円錐の側面積

・底面の円周＝側面のおうぎ形の弧の長さ

・側面積

$= 円周率\pi \times (母線)^2 \times \dfrac{2 \times 円周率\pi \times 半径}{2 \times 円周率\pi \times 母線}$

$= 円周率\pi \times 母線 \times 半径$

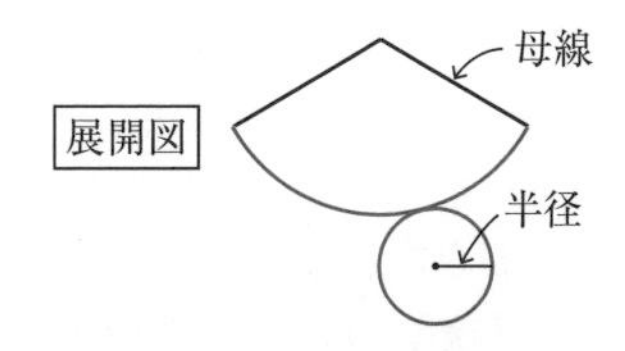

■ 立体の体積を求める公式（底面積 $\boldsymbol{S}$，高さ $\boldsymbol{h}$）

・円柱，角柱の体積　$\boldsymbol{V} = \boldsymbol{Sh}$

・円錐，角錐の体積　$\boldsymbol{V} = \dfrac{1}{3}\boldsymbol{Sh}$

■ 球に関する公式（半径 $\boldsymbol{r}$）

・球の表面積　$\boldsymbol{S} = 4\pi \boldsymbol{r}^2$

・球の体積　$\boldsymbol{V} = \dfrac{4}{3}\pi \boldsymbol{r}^3$

確率

■ 確率

起こる場合が全部で n 通りあり，どの場合が起こることも同様に確からしいものとする。そのうち，ことがらAの起こる場合が a 通りであるとする。このとき，ことがらAの起こる確率を p とすると，

$$p=\frac{a}{n}$$

データの活用

■ データの代表値と分布の範囲

- 平均値…データの値の平均
- 中央値…データを大きさの順に並べたときの中央のデータの値（ただし，データの数が偶数のときは，中央の 2 つのデータの値の平均が中央値）
- 最頻値…データの値でもっとも多く現れる値
- (分布の)範囲＝最大値－最小値

■ 度数と度数分布表

- 階級…データ整理のために区切った区間
- 階級値…階級の真ん中の値
- 階級の幅…区間の幅
- 度数…各階級内のデータの数
- 度数分布表…データを階級に分けて整理した表

  度数分布表の最頻値

  →度数のもっとも多い階級の階級値
- ヒストグラム…度数分布表を表したグラフ
- 累積度数…最初の階級からその階級までの度数の合計
- 相対度数…各階級の度数の全体に対する割合
- 累積相対度数…最初の階級からその階級までの相対度数の合計

データの分布の比較

■ 四分位数

- データを小さい順に並べ，全体を4等分した位置の3つの値。
- 値の小さい順に，第1四分位数，第2四分位数，第3四分位数といい，第2四分位数は中央値。

■ 四分位範囲

四分位範囲＝第3四分位数－第1四分位数

■ 箱ひげ図

- 四分位数と最小値，最大値を長方形（箱）と実線（ひげ）で表した図。
- 複数のデータを比較するのに適している。

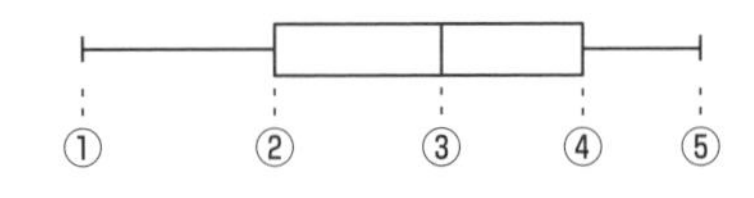

①…最小値，②…第1四分位数，

③…第２四分位数(中央値)，

④…第３四分位数，⑤…最大値

- 四分位範囲…長方形（箱）の横の長さ
- (分布の)範囲…実線（ひげ）の左端から右端までの長さ

標本調査

■ 標本調査

集団の一部を調べた結果をもとにして，集団全体の性質を推定する。

■ 母集団と標本

標本調査で調査の対象となる集団を母集団といい，母集団から調査のために取り出された一部の集団を標本という。

計算技能検定(1次)対策

この章の内容

計算技能検定（1次）は主に計算力をみる検定です。
公式通りに解ける基礎的な問題が出題されます。

1 式の展開・因数分解

ここが出題される ▶ 多項式と多項式の乗法，2つの多項式の乗法の差を求める問題などが出題されます。また，共通因数でくくる問題や文字のおきかえを使う問題にも慣れておきましょう。

POINT 1 多項式と多項式の乗法 (1)

分配法則を利用して式を展開

分配法則　$(\boldsymbol{a}+\boldsymbol{b})(\boldsymbol{c}+\boldsymbol{d})=\boldsymbol{ac}+\boldsymbol{ad}+\boldsymbol{bc}+\boldsymbol{bd}$

● 多項式と多項式の乗法では，**分配法則** を使って，式の展開にミスのないようにします。

■**分配法則**…$(\boldsymbol{a}+\boldsymbol{b})(\boldsymbol{c}+\boldsymbol{d})=\boldsymbol{ac}+\boldsymbol{ad}+\boldsymbol{bc}+\boldsymbol{bd}$

例題 1

$(2x+6y)(3x-4y)$を展開して計算しなさい。

解答・解説

$$\underset{a}{(2x}+\underset{b}{6y)}\,\underset{c}{(3x}\underset{d}{-4y)}$$

$$=\underset{a}{2x}\times\underset{c}{3x}+\underset{a}{2x}\times\underset{d}{(-4y)}+\underset{b}{6y}\times\underset{c}{3x}+\underset{b}{6y}\times\underset{d}{(-4y)}$$

分配法則を利用する。

$$=6x^2-8xy+18xy-24y^2$$

$$=6x^2+(-8+18)xy-24y^2$$

同類項をまとめる。

$$=6x^2+10xy-24y^2$$ 答

負の項があるときは，符号に注意して展開しましょう。

POINT 2 多項式と多項式の乗法 (2)

乗法公式を利用して式を展開

$(\boldsymbol{x}+\boldsymbol{a})(\boldsymbol{x}+\boldsymbol{b})=\boldsymbol{x}^2+(\boldsymbol{a}+\boldsymbol{b})\boldsymbol{x}+\boldsymbol{ab}$

$(\boldsymbol{a}+\boldsymbol{b})^2=\boldsymbol{a}^2+2\boldsymbol{ab}+\boldsymbol{b}^2$ ← 和の平方

$(\boldsymbol{a}-\boldsymbol{b})^2=\boldsymbol{a}^2-2\boldsymbol{ab}+\boldsymbol{b}^2$ ← 差の平方

$(\boldsymbol{a}+\boldsymbol{b})(\boldsymbol{a}-\boldsymbol{b})=\boldsymbol{a}^2-\boldsymbol{b}^2$ ← 和と差の積

多項式と多項式の乗法では，乗法公式を利用できるものは利用して，速く正確に展開するようにします。

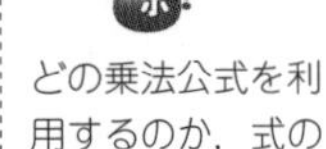

どの乗法公式を利用するのか，式の形から見分ける。

■差の平方の利用

$$(\underset{a}{2x}-\underset{b}{y})^2=(\underset{a^2}{2x})^2-2\times(\underset{a}{2x})\times\underset{b}{y}+\underset{b^2}{y}^2$$

例題2

$(\boldsymbol{x}-3)^2-(\boldsymbol{x}-4)(\boldsymbol{x}+4)$を展開して計算しなさい。

$(x-3)^2-(x-4)(x+4)$

（$(x-3)^2$：差の平方，$(x-4)(x+4)$：和と差の積）　乗法公式を利用する。

$=x^2-2\times x\times 3+3^2-(x^2-4^2)$　かっこをはずす。

$=x^2-6x+9-x^2+16$　同類項をまとめる。

$=(1-1)x^2-6x+(9+16)$

$=-6x+25$ 答

POINT 3 式の因数分解 (1)

共通因数でくくる → 乗法公式の逆が利用できるか考える

例　$mx^2-my^2=m(x^2-y^2)=m(x+y)(x-y)$

（m：共通因数でくくる，$(x^2-y^2)\to(x+y)(x-y)$：乗法公式の逆を利用）

多項式を因数分解するには，**共通因数があれば，かっこの外にくくり出し**，乗法公式の逆を利用して因数の積に表します。

乗法公式の逆

① $\boldsymbol{x^2+(a+b)x+ab=(x+a)(x+b)}$

② $\boldsymbol{a^2+2ab+b^2=(a+b)^2}$

③ $\boldsymbol{a^2-2ab+b^2=(a-b)^2}$

④ $\boldsymbol{a^2-b^2=(a+b)(a-b)}$

因数分解の例

(1) $4ab-8b=4b\times a-4b\times 2$ ← 共通因数は $4b$

$=4b(a-2)$

(2) $x^2+3x+2=x^2+(1+2)x+1\times 2$

$=(x+1)(x+2)$

→ $\boldsymbol{x^2+(a+b)x+ab=(x+a)(x+b)}$ を利用する。

(3) $m^2-6m+9=m^2-2\times m\times 3+3^2$

$=(m-3)^2$

→ $\boldsymbol{a^2-2ab+b^2=(a-b)^2}$ を利用する。

例題3

$\boldsymbol{x^3y+2x^2y-15xy}$ **を因数分解しなさい。**

解答・解説

$x^3y+2x^2y-15xy$

$=xy\times x^2+xy\times 2x-xy\times 15$

→ 共通因数 xy をくくり出す。

$=xy(x^2+2x-15)$

→ **積が** -15，**和が** 2 になる2数を見つける。

$=xy\{x^2+\underbrace{(5-3)}_{\text{和が}2}x+\underbrace{5\times(-3)}_{\text{積が}-15}\}$

→ $\boldsymbol{x^2+(a+b)x+ab=(x+a)(x+b)}$ を利用する。

$=xy(x+5)(x-3)$ 答

共通因数は全部くくり出すように注意しましょう。

POINT4 式の因数分解(2)

式の中の**同じ部分**を，他の文字に**おきかえて**考える。

例 $\underset{A}{(a+b)}x+\underset{A}{(a+b)}y=\underset{A}{(a+b)}(x+y)$

式の中に同じ部分が含まれるような式の因数分解は，式の一部を他の文字におきかえて簡単な形の式に表し，因数分解を考えます。

$(x+y)^2-5(x+y)+4$ の因数分解

$x+y=A$ とおくと，

$A^2-5A+4=(A-1)(A-4)$

ここで A を $x+y$ にもどすと，

$(x+y)^2-5(x+y)+4=(x+y-1)(x+y-4)$

例題4

次の式を因数分解しなさい。

(1)　$(x+y)^2-25$

(2)　$(x+y)^2-6(x+y)+9$

解答・解説

(1)　$x+y=A$ とおくと，

A^2-25

$=(A+5)(A-5)$

$a^2-b^2=(a+b)(a-b)$ を利用する。

ここで A を $x+y$ にもどすと，

$(x+y)^2-25$

$=(x+y+5)(x+y-5)$ 答

(2)　$x+y=A$ とおくと，

A^2-6A+9

$=(A-3)^2$

$a^2-2ab+b^2=(a-b)^2$ を利用する。

ここで A を $x+y$ にもどすと，

$(x+y)^2-6(x+y)+9$

$=(x+y-3)^2$ 答

解法のツボ?

式の中の同じものを 1 つの文字におきかえると，どんな公式を利用できるかがわかる。

A チャレンジ問題

得点

全9問

解き方と解答 24～26ページ

1 次の式を展開して計算しなさい。

(1) $4x(x-3y)+3y(2x-5y)$

過去 (2) $(3x-7y)(x+2y)$

2 次の式を展開して計算しなさい。

過去 (1) $(x-2)(x+7)$

(2) $(x-4y)(x+4y)-x^2$

(3) $(x+2)^2-(x+4)(x-6)$

3 次の式を因数分解しなさい。

(1) $4x^2y+5xy^2-2xy$

(2) $x^2y-8xy+16y$

4 次の式を因数分解しなさい。

(1) $(x+3y)^2-49$

過去 (2) $(x+2y)^2-9(x+2y)+18$

B チャレンジ問題

得点

全9問

解き方と解答 27〜29ページ

1 次の式を展開して計算しなさい。

(1) $(x+3y)(5x-2y)$

(2) $(6x-7y)(5x+3y)$

2 次の式を展開して計算しなさい。

過去 (1) $(x-9y)y-(x+3y)(x-3y)$

(2) $(4x-3)(7x+1)-(3x-4)^2$

(3) $(3x-2)(3x+1)-(x+5)^2$

3 次の式を因数分解しなさい。

過去 (1) x^2-64y^2

(2) $\frac{1}{9}x^2-\frac{1}{25}y^2$

4 次の式を因数分解しなさい。

過去 (1) $ax-ay+bx-by$

(2) $(x+y)^2-(x+3)^2$

A 解き方と解答

問題 22ページ

1 次の式を展開して計算しなさい。

(1)　$4x(x-3y)+3y(2x-5y)$

(2)　$(3x-7y)(x+2y)$

【解き方】

(1)　$4x(x-3y)+3y(2x-5y)$

$=4x^2-12xy+6xy-15y^2$　← 分配法則を利用する。

$=4x^2-6xy-15y^2$　← 同類項をまとめる。

$4x^2-6xy-15y^2$ 解答

(2)　$(3x-7y)(x+2y)$

$=3x^2+6xy-7xy-14y^2$　← 展開する。

$=3x^2-xy-14y^2$　← 同類項をまとめる。

$3x^2-xy-14y^2$ 解答

注意
負の項があるときは，符号に注意する。

2 次の式を展開して計算しなさい。

(1)　$(x-2)(x+7)$

(2)　$(x-4y)(x+4y)-x^2$

(3)　$(x+2)^2-(x+4)(x-6)$

【解き方】

(1)　$(x-2)(x+7)$

$=x^2+\{(-2)+7\}x+(-2)\times 7$　← $(x+a)(x+b)=x^2+(a+b)x+ab$ を利用する。

$=x^2+5x-14$

$x^2+5x-14$ 解答

(2) $(x-4y)(x+4y)-x^2$

$=x^2-16y^2-x^2$

$=-16y^2$

$(a+b)(a-b)=a^2-b^2$ を利用する。

$-16y^2$ 解答

(3) $(x+2)^2-(x+4)(x-6)$

$(a+b)^2=a^2+2ab+b^2$ を利用する。

$(x+a)(x+b)=x^2+(a+b)x+ab$ を利用する。

$=x^2+4x+4-(x^2-2x-24)$

かっこをはずす。

$=x^2+4x+4-x^2+2x+24$

同類項をまとめる。

$=6x+28$

$6x+28$ 解答

---

3 次の式を因数分解しなさい。

(1) $\boldsymbol{4x^2y+5xy^2-2xy}$　　(2) $\boldsymbol{x^2y-8xy+16y}$

【解き方】

(1) $4x^2y+5xy^2-2xy$

$=xy\times4x+xy\times5y+xy\times(-2)$

共通因数をくくり出す。

$=xy(4x+5y-2)$

$xy(4x+5y-2)$ 解答

(2) $x^2y-8xy+16y$

$=y\times x^2+y\times(-8x)+y\times16$

共通因数をくくり出す。

$=y(x^2-8x+16)$

$a^2-2ab+b^2=(a-b)^2$ を利用する。

$=y(x-4)^2$

$y(x-4)^2$ 解答

共通因数をくくり出した後，さらに因数分解できないか，必ず確認しましょう。

4 次の式を因数分解しなさい。

(1)　$(x+3y)^2-49$

(2)　$(x+2y)^2-9(x+2y)+18$

【解き方】

(1)　$x+3y=A$とおくと,

$(x+3y)^2-49$

$=A^2-49$

$=A^2-7^2$

$=(A+7)(A-7)$　← $a^2-b^2=(a+b)(a-b)$ を利用する。

$=(x+3y+7)(x+3y-7)$　← A を $x+3y$ にもどす。

$(x+3y+7)(x+3y-7)$ **解答**

(2)　$x+2y=A$とおくと,

$(x+2y)^2-9(x+2y)+18$

$=A^2-9A+18$

$=A^2+\{(-3)+(-6)\}A+(-3)\times(-6)$

$=(A-3)(A-6)$　← $x^2+(a+b)x+ab=(x+a)(x+b)$ を利用する。

$=(x+2y-3)(x+2y-6)$　← A を $x+2y$ にもどす。

$(x+2y-3)(x+2y-6)$ **解答**

これだけは覚えておこう

〈分配法則〉

$(a+b)(c+d)=ac+ad+bc+bd$

〈乗法公式〉

❶ $(x+a)(x+b)=x^2+(a+b)x+ab$

❷ $(a+b)^2=a^2+2ab+b^2$

❸ $(a-b)^2=a^2-2ab+b^2$

❹ $(a+b)(a-b)=a^2-b^2$

B 解き方と解答

問題 23ページ

1 次の式を展開して計算しなさい。

(1) $(x+3y)(5x-2y)$ (2) $(6x-7y)(5x+3y)$

【解き方】

(1) $(x+3y)(5x-2y)$

$=5x^2-2xy+15xy-6y^2$ ← 分配法則を利用する。

$=5x^2+13xy-6y^2$ ← 同類項をまとめる。

$5x^2+13xy-6y^2$ 解答

(2) $(6x-7y)(5x+3y)$

$=30x^2+18xy-35xy-21y^2$

$=30x^2-17xy-21y^2$ ← $(-7y)\times5x+(-7y)\times3y$ 符号に注意する。

$30x^2-17xy-21y^2$ 解答

2 次の式を展開して計算しなさい。

(1) $(x-9y)y-(x+3y)(x-3y)$

(2) $(4x-3)(7x+1)-(3x-4)^2$

(3) $(3x-2)(3x+1)-(x+5)^2$

【解き方】

(1) $(x-9y)y-(x+3y)(x-3y)$

$=xy-9y^2-\{x^2-(3y)^2\}$ ← $(a+b)(a-b)=a^2-b^2$ を利用する。

$=xy-9y^2-x^2+9y^2$ ← かっこをはずす。

$=xy-x^2$

$xy-x^2$ 解答

(2) $(4x-3)(7x+1)-(3x-4)^2$

└ $(a-b)^2=a^2-2ab+b^2$ を利用する。

$=28x^2+4x-21x-3-\{(3x)^2-2\times3x\times4+4^2\}$

$=28x^2+4x-21x-3-(9x^2-24x+16)$ かっこをはずす。

$=28x^2+4x-21x-3-9x^2+24x-16$ 同類項をまとめる。

$=19x^2+7x-19$

$\boldsymbol{19x^2+7x-19}$ **解答**

$(x+a)(x+b)=x^2+(a+b)x+ab$ を利用する。

(3) $(3x-2)(3x+1)-(x+5)^2$

└ $(a+b)^2=a^2+2ab+b^2$ を利用する。

$=(3x)^2+\{(-2)+1\}\times3x+(-2)\times1-(x^2+2\times x\times5+5^2)$

$=9x^2-3x-2-x^2-10x-25$

$=8x^2-13x-27$

$\boldsymbol{8x^2-13x-27}$ **解答**

3 **次の式を因数分解しなさい。**

(1) $\boldsymbol{x^2-64y^2}$　　(2) $\boldsymbol{\frac{1}{9}x^2-\frac{1}{25}y^2}$

【解き方】

(1) x^2-64y^2

$=x^2-(8y)^2$

$=(x+8y)(x-8y)$

$a^2-b^2=(a+b)(a-b)$ を利用する。

$\boldsymbol{(x+8y)(x-8y)}$ **解答**

(2) $\frac{1}{9}x^2-\frac{1}{25}y^2$

$=\left(\frac{1}{3}x\right)^2-\left(\frac{1}{5}y\right)^2$

$=\left(\frac{1}{3}x+\frac{1}{5}y\right)\left(\frac{1}{3}x-\frac{1}{5}y\right)$

$a^2-b^2=(a+b)(a-b)$ を利用する。

$\boldsymbol{\left(\frac{1}{3}x+\frac{1}{5}y\right)\left(\frac{1}{3}x-\frac{1}{5}y\right)}$ **解答**

4 次の式を因数分解しなさい。

(1) $\boldsymbol{ax-ay+bx-by}$

(2) $(\boldsymbol{x}+\boldsymbol{y})^2-(\boldsymbol{x}+3)^2$

【解き方】

(1) $ax-ay+bx-by$

共通因数は a　共通因数は b

前の2項，後の2項に分けて共通因数をくくり出す。

$=a(x-y)+b(x-y)$

$x-y=A$ とおくと，

$aA+bA$

$=(a+b)A$　← A でくくる。

$=(a+b)(x-y)$　← A をもとにもどす。

$\boldsymbol{(a+b)(x-y)}$ **解答**

解法のツボ

項が4つで，公式が使える部分がないときは，2つに分けて共通因数をくくり出す。ax と bx から x を，$-ay$ と $-by$ から y をくくり出してもよい。

(2) $(x+y)^2-(x+3)^2$

$x+y=A$，$x+3=B$ とおくと，

A^2-B^2

$=(A+B)(A-B)$　← $\boldsymbol{a^2-b^2=(a+b)(a-b)}$ を利用する。

$=\{(x+y)+(x+3)\}\{(x+y)-(x+3)\}$　← A，B をもとにもどす。

$=(x+y+x+3)(x+y-x-3)$

$=(2x+y+3)(y-3)$

$\boldsymbol{(2x+y+3)(y-3)}$ **解答**

解法のツボ

与えられた式を展開し，因数分解することもできるが，まず公式が利用できないかを考える。

2 数の計算

ここが出題される 加減乗除の混じった計算，累乗の混じった計算，分数・小数の計算，平方根の計算問題の出題があります。計算順序に注意してミスを防ぎ，確実に得点を重ねましょう。

POINT 1 正負の数の加法，減法

計算方法

① かっこをはずす。
② 正の項（こう）の和，負の項の和をそれぞれ求める。
③ ②で求めた数を計算する。

例 $(-5)-(-4)-(+6)$
$= -5 \ +4 \ -6$ ← かっこをはずす。
$= 4 \ -11$ ← 正の項の和 4　負の項の和 −11
$= -7$

かっこをはずすときは，(　)の前の符号に注意します。

$+(+a) = +a \qquad +(-a) = -a$

$-(+a) = -a \qquad -(-a) = +a$

例題 1

$-8+(-6)-(-11)$を計算しなさい。

解答・解説

$-8+(-6)-(-11)$
$= -8-6 \ +11$ ← かっこをはずす。
$= -14 \ +11$ ← 正の項の和 11　負の項の和 −14
$= -3$ 答

解法のツボ?
左から順に計算するより，正の項の和，負の項の和でまとめて求めたほうがミスが少ない。

POINT 2 累乗を含む正・負の数の四則演算

計算順序　①累乗→②乗法・除法→③加法・減法

例　$10-(-6)^2\div 3=10-36\div 3=10-12=-2$

（$(-6)^2$ ←累乗、$36\div 3$ ←除法、$10-12$ ←減法）

累乗，加減乗除の混じった計算では，計算順序を誤らないように注意する必要があります。

① まず，累乗を計算する。← $-a^n$ と $(-a)^n$ の違いに注意する。

② 乗法・除法を計算する。

③ 加法・減法を計算する。

確認！

$-a^n=-(\underbrace{a\times a\times\cdots\times a}_{n\text{個}})$

$(-a)^n=\underbrace{(-a)\times(-a)\times\cdots\times(-a)}_{n\text{個}}$

累乗の計算

式に累乗があれば，はじめに計算します。

$$\left(-\frac{b}{a}\right)^2=\left(-\frac{b}{a}\right)\times\left(-\frac{b}{a}\right)=\frac{b^2}{a^2}$$

例題2

$-4^2\times 5+(-3)^2$ を計算しなさい。

解答・解説

まず，累乗を計算する。

$-4^2\times 5+(-3)^2$

$=-4\times 4\times 5+(-3)\times(-3)$ 　← $-4^2=-4\times 4$，$(-3)^2=(-3)\times(-3)$

$=-80+9$ 　← 乗法を先に計算する。

$=-71$ 　答　← 加法を計算する。

POINT 3 平方根の加減

$\sqrt{\ }$の中の数をそろえて，文字式と同じように計算

$$m\sqrt{a}+n\sqrt{a}=(m+n)\sqrt{a}$$
$$m\sqrt{a}-n\sqrt{a}=(m-n)\sqrt{a}$$

平方根の計算

■根号($\sqrt{\ }$)の中の数を **素因数分解** し，できるだけ小さな数に直して計算します。

$a>0$，$b>0$ のとき

$$\sqrt{a^2b}=\sqrt{a^2}\times\sqrt{b}=a\sqrt{b}$$

$$\sqrt{20}=\sqrt{2^2\times5}=\sqrt{2^2}\times\sqrt{5}=2\sqrt{5}$$

■$\sqrt{\ }$の中の数が同じものは1つの文字と考えて，同類項をまとめる要領で計算します。

$$m\sqrt{a}+n\sqrt{a}=(m+n)\sqrt{a}$$

$$3\sqrt{2}+4\sqrt{2}=(3+4)\sqrt{2}$$

確認！

素因数分解するには，素数で次々にわっていく。

例 右の計算より，84を素因数分解すると，

$84=2\times2\times3\times7$
$=2^2\times3\times7$

$2\,)\underline{84}$
$2\,)\underline{42}$
$3\,)\underline{21}$
$\quad 7$

例題 3

$\sqrt{3}-\sqrt{27}+\sqrt{75}$ を計算しなさい。

解答・解説

$\sqrt{\ }$の中の数をできるだけ小さい数に直すために，まず，素因数分解する。

$\sqrt{3}-\sqrt{27}+\sqrt{75}$

$=\sqrt{3}-\sqrt{3^2\times3}+\sqrt{5^2\times3}$ ← $\sqrt{\ }$の中の数を **素因数分解** する。

$=\sqrt{3}-3\sqrt{3}+5\sqrt{3}$ ← $\sqrt{\ }$の外に2乗の因数を出す。

$=(1-3+5)\sqrt{3}$ ← $\sqrt{3}$を1つの文字と考えて，まとめる。

$=3\sqrt{3}$ **答**

POINT4 かっこのある平方根の式の計算

乗法公式を利用して計算

- $(\boldsymbol{a}+\boldsymbol{b})^2=\boldsymbol{a}^2+2\boldsymbol{ab}+\boldsymbol{b}^2$
- $(\boldsymbol{a}-\boldsymbol{b})^2=\boldsymbol{a}^2-2\boldsymbol{ab}+\boldsymbol{b}^2$
- $(\boldsymbol{a}+\boldsymbol{b})(\boldsymbol{a}-\boldsymbol{b})=\boldsymbol{a}^2-\boldsymbol{b}^2$
- $(\boldsymbol{x}+\boldsymbol{a})(\boldsymbol{x}+\boldsymbol{b})=\boldsymbol{x}^2+(\boldsymbol{a}+\boldsymbol{b})\boldsymbol{x}+\boldsymbol{ab}$

かっこのある平方根の式の計算は，乗法公式を利用して，効率よく計算します。

$(a+b)^2 \ = a^2 \ + 2ab \ + b^2$ ← $a\to\sqrt{2}$，$b\to 3$として，公式にあてはめる。

$(\sqrt{2}+3)^2=(\sqrt{2})^2+2\times\sqrt{2}\times 3+3^2$

■分母の有理化

分母に$\sqrt{\ }$がある場合は，分母・分子に同じ数をかけて，分母を整数にします。

$$\frac{\sqrt{a}}{\sqrt{b}}=\frac{\sqrt{a}\times\sqrt{b}}{\sqrt{b}\times\sqrt{b}}=\frac{\sqrt{ab}}{b}$$

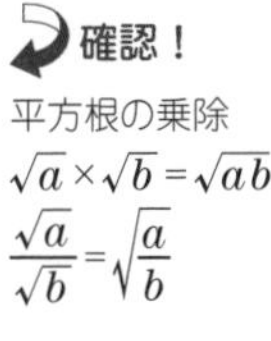

確認！

平方根の乗除

$\sqrt{a}\times\sqrt{b}=\sqrt{ab}$

$\dfrac{\sqrt{a}}{\sqrt{b}}=\sqrt{\dfrac{a}{b}}$

例題4

$(\sqrt{5}+1)^2-\dfrac{15}{\sqrt{5}}$ を計算しなさい。

解答・解説

$(\sqrt{5}+1)^2-\dfrac{15}{\sqrt{5}}$（$\sqrt{5}$ が a，1 が b）

乗法公式の利用 $(\boldsymbol{a}+\boldsymbol{b})^2=\boldsymbol{a}^2+2\boldsymbol{ab}+\boldsymbol{b}^2$
分母の 有理化
分母・分子に$\sqrt{5}$をかける。

$=(\sqrt{5})^2+2\times\sqrt{5}\times 1+1^2-\dfrac{15\times\sqrt{5}}{\sqrt{5}\times\sqrt{5}}$

$=5+2\sqrt{5}+1-\dfrac{\overset{3}{\cancel{15}}\sqrt{5}}{\underset{1}{\cancel{5}}}$

$=5+2\sqrt{5}+1-3\sqrt{5}$

数の項と$\sqrt{5}$の項をまとめる。

$=(5+1)+(2-3)\sqrt{5}$

$=6-\sqrt{5}$ 答

A チャレンジ問題

得点
全12問

解き方と解答 36〜38ページ

1 次の計算をしなさい。

(1) $-4+5-7$

過去(2) $(-9)-(-4)+(-3)$

2 次の計算をしなさい。

(1) $-3\times(-2)-7$

(2) $16+12\div(-3)$

3 次の計算をしなさい。

(1) $-5^2\times3+(-4)^2$

(2) $(-6)^2\times2-3^2$

4 次の計算をしなさい。

(1) $-\frac{5}{12}\times4+\left(\frac{4}{3}\right)^2$

過去(2) $0.8^2-2.5\times0.32$

5 次の計算をしなさい。

(1) $\sqrt{18}-\sqrt{8}+2\sqrt{2}$

過去(2) $\sqrt{24}-\sqrt{216}-\sqrt{6}$

6 次の計算をしなさい。

(1) $(2+\sqrt{3})^2-\frac{6}{\sqrt{3}}$

過去(2) $(\sqrt{5}+4)(\sqrt{5}-2)-\frac{15}{\sqrt{5}}$

B チャレンジ問題

得点

全12問

解き方と解答 39～41ページ

1 次の計算をしなさい。

(1) $-12+17+3-24$

過去 (2) $(+15)-(-7)-(+12)+(-9)$

2 次の計算をしなさい。

(1) $-9-10\div(-2)$

過去 (2) $-3\times5+24\div(-8)$

3 次の計算をしなさい。

過去 (1) $(-2)^4-2^3$

(2) $-2^3\times(-4)-(-3)^2\times5$

4 次の計算をしなさい。

(1) $-\frac{4}{3}\times(-0.125)-\frac{1}{2}\times0.6$

(2) $\left(-\frac{1}{2}\right)^3-\left(\frac{1}{2}\right)^4\times6$

5 次の計算をしなさい。

(1) $\sqrt{3}\times\sqrt{6}-\sqrt{72}$

(2) $\sqrt{2}(3+\sqrt{3})-\sqrt{24}$

6 次の計算をしなさい。

(1) $(3\sqrt{2}-\sqrt{3})^2+\frac{2\sqrt{3}}{\sqrt{2}}$

(2) $\frac{1}{\sqrt{3}}(2\sqrt{3}-1)+\frac{\sqrt{3}}{2}$

A 解き方と解答

問題 34ページ

1 次の計算をしなさい。

(1) $-4+5-7$

(2) $(-9)-(-4)+(-3)$

【解き方】

(1) $-4+5-7$

$=5-11$

$=-6$

同符号どうしをまとめる。

-6 解答

(2) $(-9)-(-4)+(-3)$

$=-9+4-3$

$=4-12$

$=-8$

かっこをはずす。

-8 解答

2 次の計算をしなさい。

(1) $-3\times(-2)-7$

(2) $16+12\div(-3)$

【解き方】

(1) $-3\times(-2)-7$

$=6-7$

$=-1$

乗法を先に計算する。

-1 解答

(2) $16+12\div(-3)$

$=16+(-4)$

$=16-4$

$=12$

除法を先に計算する。

12 解答

3 次の計算をしなさい。

(1) $-5^2 \times 3 + (-4)^2$　　　(2) $(-6)^2 \times 2 - 3^2$

【解き方】

(1) $-5^2 \times 3 + (-4)^2$

$= -5 \times 5 \times 3 + (-4) \times (-4)$　← 累乗を計算する。

$= -75 + 16$　← 乗法を計算する。

$= -59$

-59 解答

(2) $(-6)^2 \times 2 - 3^2$

$= (-6) \times (-6) \times 2 - 3 \times 3$

$= 72 - 9$

$= 63$

63 解答

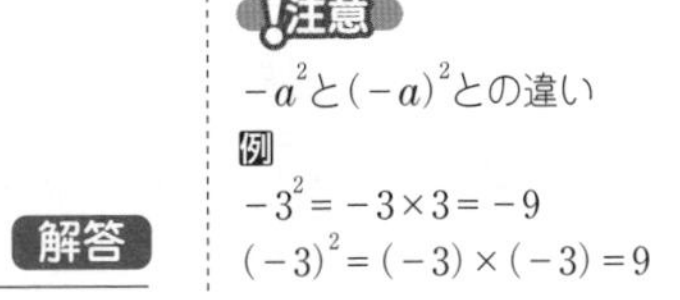

4 次の計算をしなさい。

(1) $-\dfrac{5}{12} \times 4 + \left(\dfrac{4}{3}\right)^2$　　　(2) $0.8^2 - 2.5 \times 0.32$

【解き方】

(1) $-\dfrac{5}{12} \times 4 + \left(\dfrac{4}{3}\right)^2 = -\left(\dfrac{5}{\cancel{12}_{3}} \times \cancel{4}^{1}\right) + \dfrac{4^2}{3^2}$

$= -\dfrac{5}{3} + \dfrac{16}{9} = \dfrac{1}{9}$

$\dfrac{1}{9}$ 解答

注意

$\left(\dfrac{b}{a}\right)^2 = \dfrac{b^2}{a^2}$

(2) $0.8^2 - 2.5 \times 0.32$

$= \left(\dfrac{\cancel{8}^{4}}{\cancel{10}_{5}}\right)^2 - \left(\dfrac{\cancel{25}^{5}}{\cancel{10}_{2}}\right) \times \left(\dfrac{\cancel{32}^{8}}{\cancel{100}_{25}}\right)$　← 小数を分数に直す。

$= \dfrac{4^2}{5^2} - \left(\dfrac{\cancel{5}^{1}}{\cancel{2}_{1}} \times \dfrac{\cancel{8}^{4}}{\cancel{25}_{5}}\right) = \dfrac{16}{25} - \dfrac{4}{5}$

$= -\dfrac{4}{25} = -0.16$

-0.16 解答

5 次の計算をしなさい。

(1)　$\sqrt{18}-\sqrt{8}+2\sqrt{2}$　　(2)　$\sqrt{24}-\sqrt{216}-\sqrt{6}$

【解き方】

(1)　$\sqrt{18}-\sqrt{8}+2\sqrt{2}$

$=\sqrt{3^2\times 2}-\sqrt{2^2\times 2}+2\sqrt{2}$　← $\sqrt{\ }$ の中を素因数分解する。

$=3\sqrt{2}-2\sqrt{2}+2\sqrt{2}$　← $\sqrt{\ }$ の外に2乗の因数を出す。

$=(3-2+2)\sqrt{2}$　← $\sqrt{2}$ の項をまとめる。

$=3\sqrt{2}$

$3\sqrt{2}$ 解答

(2)　$\sqrt{24}-\sqrt{216}-\sqrt{6}=\sqrt{2^2\times 2\times 3}-\sqrt{2^2\times 3^2\times 2\times 3}-\sqrt{2\times 3}$

$=2\sqrt{6}-6\sqrt{6}-\sqrt{6}=-5\sqrt{6}$

$-5\sqrt{6}$ 解答

6 次の計算をしなさい。

(1)　$(2+\sqrt{3})^2-\dfrac{6}{\sqrt{3}}$

(2)　$(\sqrt{5}+4)(\sqrt{5}-2)-\dfrac{15}{\sqrt{5}}$

【解き方】

(1)　$(2+\sqrt{3})^2-\dfrac{6}{\sqrt{3}}$

$=2^2+2\times 2\times\sqrt{3}+(\sqrt{3})^2-\dfrac{6\times\sqrt{3}}{\sqrt{3}\times\sqrt{3}}$

$=4+4\sqrt{3}+3-\dfrac{\overset{2}{\cancel{6}}\sqrt{3}}{\underset{1}{\cancel{3}}}=4+4\sqrt{3}+3-2\sqrt{3}$

$=7+2\sqrt{3}$

$7+2\sqrt{3}$ 解答

解法のツボ?

乗法公式

$(a+b)^2=a^2+2ab+b^2$

$(x+a)(x+b)$

$=x^2+(a+b)x+ab$

を利用。

(2)　$(\sqrt{5}+4)(\sqrt{5}-2)-\dfrac{15}{\sqrt{5}}$

$=(\sqrt{5})^2+(4-2)\sqrt{5}-4\times 2-\dfrac{15\times\sqrt{5}}{\sqrt{5}\times\sqrt{5}}$

$=5+2\sqrt{5}-8-\dfrac{\overset{3}{\cancel{15}}\sqrt{5}}{\underset{1}{\cancel{5}}}$

$=-3-\sqrt{5}$

$-3-\sqrt{5}$ 解答

確認！

分母の有理化

$\dfrac{\sqrt{a}}{\sqrt{b}}=\dfrac{\sqrt{a}\times\sqrt{b}}{\sqrt{b}\times\sqrt{b}}=\dfrac{\sqrt{ab}}{b}$

解き方と解答

問題 35ページ

1 次の計算をしなさい。

(1)　$-12+17+3-24$

(2)　$(+15)-(-7)-(+12)+(-9)$

【解き方】

(1)　$-12+17+3-24$
　$=17+3-12-24$
　$=20-36=-16$

同符号どうしをまとめてから計算する。

-16 解答

(2)　$(+15)-(-7)-(+12)+(-9)$
　$=15+7-12-9$
　$=22-21=1$

かっこをはずす。

1 解答

2 次の計算をしなさい。

(1)　$-9-10\div(-2)$

(2)　$-3\times5+24\div(-8)$

【解き方】

(1)　$-9-10\div(-2)$
　$=-9-(-5)$
　$=-9+5=-4$

除法を先に計算する。

-4 解答

(2)　$-3\times5+24\div(-8)$
　$=-15+(-3)$
　$=-15-3=-18$

乗法と除法をそれぞれ計算する。

-18 解答

3 次の計算をしなさい。

(1)　$(-2)^4-2^3$　　　(2)　$-2^3\times(-4)-(-3)^2\times5$

【解き方】

(1)　$(-2)^4-2^3$

$=(-2)\times(-2)\times(-2)\times(-2)-2\times2\times2$　　累乗を計算する。

$=16-8=8$

8 解答

(2)　$-2^3\times(-4)-(-3)^2\times5$

$=(-2\times2\times2)\times(-4)-(-3)\times(-3)\times5$　　累乗を計算する。

$=(-8)\times(-4)-9\times5$　　乗法を計算する。

$=32-45$

$=-13$

−13 解答

4 次の計算をしなさい。

(1)　$-\frac{4}{3}\times(-0.125)-\frac{1}{2}\times0.6$　　　(2)　$\left(-\frac{1}{2}\right)^3-\left(\frac{1}{2}\right)^4\times6$

【解き方】

(1)　$-\frac{4}{3}\times(-0.125)-\frac{1}{2}\times0.6$　　小数を分数に直す。

$=-\frac{4}{3}\times\left(-\frac{125}{1000}\right)-\frac{1}{2}\times\frac{6}{10}$

$=\frac{4}{3}\times\frac{1}{8}-\frac{1}{2}\times\frac{3}{5}=\frac{1}{6}-\frac{3}{10}$

$=\frac{5}{30}-\frac{9}{30}=-\frac{4}{30}=-\frac{2}{15}$

$-\frac{2}{15}$ 解答

(2)　$\left(-\frac{1}{2}\right)^3-\left(\frac{1}{2}\right)^4\times6=\left(-\frac{1}{2}\right)\times\left(-\frac{1}{2}\right)\times\left(-\frac{1}{2}\right)-\frac{1^4}{2^4}\times6$

$=-\frac{1}{8}-\frac{1}{16}\times6=-\frac{1}{8}-\frac{3}{8}$

$=-\frac{4}{8}=-\frac{1}{2}$

$-\frac{1}{2}$ 解答

注意
約分を忘れないように気をつける。

5 次の計算をしなさい。

(1) $\sqrt{3}\times\sqrt{6}-\sqrt{72}$　　(2) $\sqrt{2}(3+\sqrt{3})-\sqrt{24}$

【解き方】

(1) $\sqrt{3}\times\sqrt{6}-\sqrt{72}$

$=\sqrt{3\times3\times2}-\sqrt{2^2\times3^2\times2}$

$=3\sqrt{2}-6\sqrt{2}=-3\sqrt{2}$

$-3\sqrt{2}$ 解答

(2) $\sqrt{2}(3+\sqrt{3})-\sqrt{24}$

└── $\sqrt{\ }$の中を簡単にする。

$=\sqrt{2}\times3+\sqrt{2}\times\sqrt{3}-\sqrt{2^2\times2\times3}$

$=3\sqrt{2}+\sqrt{6}-2\sqrt{6}=3\sqrt{2}-\sqrt{6}$

$3\sqrt{2}-\sqrt{6}$ 解答

6 次の計算をしなさい。

(1) $(3\sqrt{2}-\sqrt{3})^2+\dfrac{2\sqrt{3}}{\sqrt{2}}$　　(2) $\dfrac{1}{\sqrt{3}}(2\sqrt{3}-1)+\dfrac{\sqrt{3}}{2}$

【解き方】

$(a-b)^2=a^2-2ab+b^2$を利用して計算する。

(1) $(3\sqrt{2}-\sqrt{3})^2+\dfrac{2\sqrt{3}}{\sqrt{2}}$

└── 分母を有理化する。

$=(3\sqrt{2})^2-2\times3\sqrt{2}\times\sqrt{3}+(\sqrt{3})^2+\dfrac{2\sqrt{3}\times\sqrt{2}}{\sqrt{2}\times\sqrt{2}}$

$=18-6\sqrt{6}+3+\dfrac{\overset{1}{\cancel{2}}\sqrt{3}\times\sqrt{2}}{\underset{1}{\cancel{2}}}=18-6\sqrt{6}+3+\sqrt{6}$

$=21-5\sqrt{6}$

$21-5\sqrt{6}$ 解答

(2) $\dfrac{1}{\sqrt{3}}(2\sqrt{3}-1)+\dfrac{\sqrt{3}}{2}=\dfrac{2\sqrt{3}}{\sqrt{3}}-\dfrac{1}{\sqrt{3}}+\dfrac{\sqrt{3}}{2}$

$=2-\dfrac{1\times\sqrt{3}}{\sqrt{3}\times\sqrt{3}}+\dfrac{\sqrt{3}}{2}=2-\dfrac{\sqrt{3}}{3}+\dfrac{\sqrt{3}}{2}$

$=2-\dfrac{2\sqrt{3}}{6}+\dfrac{3\sqrt{3}}{6}=2+\dfrac{\sqrt{3}}{6}$

$2+\dfrac{\sqrt{3}}{6}$ 解答

3 式の計算

ここが出題される

多項式の加法・減法や単項式の乗法・除法は多くの計算の基礎となります。苦手なパターンを克服しましょう。また，等式を変形する問題についても解き方を習得しましょう。

POINT 1 多項式の加法・減法

分配法則を使ってかっこをはずし，同類項をまとめる。

分配法則　$m(a+b)=ma+mb$

数×多項式は，分配法則を使ってかっこをはずします。

■加法

分配法則を使ってかっこをはずし，**同類項**をまとめます。

└→ 文字の部分が同じ項。

■減法

ひく式は**符号を変えて**かっこをはずし，同類項をまとめます。

 **例題 1**

$6(-4x+3y)-3(-2x-7y)$を計算しなさい。

解答・解説

$6(-4x+3y)-3(-2x-7y)$

┌ $6\times(-4x)+6\times3y$

$=-24x+18y+6x+21y$　分配法則を使って（　）をはずす。

└ $(-3)\times(-2x)+(-3)\times(-7y)$

$=(-24+6)x+(18+21)y$　同類項をまとめる。

$=-18x+39y$　答

POINT 2 分数の形の式の加法・減法

分母の最小公倍数で通分してから，分子の計算をする。

例 $\dfrac{a-1}{2}+\dfrac{a+2}{3}=\dfrac{3(a-1)}{6}+\dfrac{2(a+2)}{6}$

6で通分

分数の形の式の加法・減法は，**分母の最小公倍数で通分**してから，分子の計算をします。

また，通分を行うとき，分子の式にはかっこをつけることを忘れないようにします。

例題 2

$\dfrac{4x-3y}{8}-\dfrac{3x-y}{4}$ を計算しなさい。

解答・解説

$$\frac{4x-3y}{8}-\frac{3x-y}{4}$$

$$=\frac{4x-3y}{8}-\frac{2(3x-y)}{8}$$

分母の最小公倍数で通分する。

$$=\frac{4x-3y-2(3x-y)}{8}$$

$$=\frac{4x-3y-6x+2y}{8}$$

分配法則を使って(　)をはずす。

$$=\frac{(4-6)x+(-3+2)y}{8}$$

同類項をまとめる。

$$=\frac{-2x-y}{8}$$ 答

注意

方程式のように分母をはらうことはできないので，気をつける。

単項式の乗法・除法

係数は係数どうし，文字は文字どうしで計算する。

例 $3a \times 2b = 6ab$

係数の積

文字の積

単項式の乗法・除法

■単項式の乗法・除法は，係数は係数どうし，文字は文字どうしで計算します。

■単項式の除法は，**逆数をかける乗法に直して**計算します。

$$12a^2b \div 3ab = 12a^2b \times \frac{1}{3ab} = \frac{\overset{4}{\cancel{12}}\cancel{a^2}\cancel{b}}{\underset{1}{\cancel{3}}\cancel{a}\cancel{b}} = 4a$$

乗法に直す。　約分する。

例題3

$\left(\frac{2}{3}x^2y\right)^2 \div \frac{8}{3}x^3y^4 \times \left(-\frac{3}{4}y^2\right)$ を計算しなさい。

解答・解説

$$\left(\frac{2}{3}x^2y\right)^2 \div \frac{8}{3}x^3y^4 \times \left(-\frac{3}{4}y^2\right)$$

$$= \left(\frac{2x^2y}{3}\right) \times \left(\frac{2x^2y}{3}\right) \div \frac{8x^3y^4}{3} \times \left(-\frac{3y^2}{4}\right)$$

累乗を計算する。

$$= \frac{4x^4y^2}{9} \times \frac{3}{8x^3y^4} \times \left(-\frac{3y^2}{4}\right)$$

逆数 $\frac{3}{8x^3y^4}$ をかける。

$$= -\frac{\overset{1}{\cancel{4}}\,x^{\cancel{4}}\cancel{y^2} \times \overset{1}{\cancel{3}} \times \overset{1}{\cancel{3}}\cancel{y^2}}{\underset{1}{\cancel{9}} \times 8\cancel{x^3}\cancel{y^4} \times \underset{1}{\cancel{4}}}$$

$$= -\frac{x}{8}$$ 答

約分する。

POINT4 等式変形

x について解く ⇨ $x=\sim$ の形に変形する。

例 $4x-3=y$ 　−3を移項する。
$4x=y+3$ 　両辺を4でわる。
$x=\dfrac{y+3}{4}$

等式を「ある文字について解く」とは，**(求める文字)＝〜** の形に変形することをいいます。このとき，等式の性質を利用すると，いろいろな式に変形できます。

■等式の性質

① $A=B$ ならば，$A+C=B+C$

$4x-3=y$ ⇨ $4x-3+3=y+3$ → $4x=y+3$

② $A=B$ ならば，$A-C=B-C$

$2x+5=y$ ⇨ $2x+5-5=y-5$ → $2x=y-5$

③ $A=B$ ならば，$A\times C=B\times C$

$\dfrac{x+3}{2}=7y$ ⇨ $\dfrac{x+3}{2}\times 2=7y\times 2$ → $x+3=14y$

④ $A=B$ ならば，$A\div C=B\div C$

$4x=y+3$ ⇨ $4x\div 4=(y+3)\div 4$ → $x=\dfrac{y+3}{4}$

例題4

等式 $3a-5b=8$ を b について解きなさい。

解答・解説

$3a-5b=8$ 　$3a$ を移項する。
$-5b=-3a+8$ 　両辺を−5でわる。
$b=\dfrac{-3a+8}{-5}$
$b=\dfrac{-(-3a+8)}{5}$
$b=\dfrac{3a-8}{5}$ 答

確認！
移項…一方の辺の項を，符号を変えて他方の辺に移すこと。

注意
両辺を負の数でわるときは，符号が変わることに注意する。

A チャレンジ問題

得点

全14問

解き方と解答 48～51ページ

1 次の計算をしなさい。

(1) $(16x-15)-(11x+7)$

過去 (2) $4(2x-3)-7(3x-1)$

(3) $0.7(5x-3)-0.4(8x+3)$

(4) $5(0.4x+0.8)-0.2(4x-5)$

2 次の計算をしなさい。

過去 (1) $7(6x-5y)+5(8x-3y)$

(2) $2(-3x+5y)-4(-6x-y)$

(3) $x+2y-\dfrac{5x-9y}{2}$

(4) $\dfrac{4x-y}{3}-\dfrac{4x-7y}{6}$

3 次の計算をしなさい。

(1) $6x^2y\times(-5xy)$

(2) $-48xy^2\div 8xy$

過去 (3) $\dfrac{24}{25}x^3y^4\div\left(\dfrac{2}{5}x^2y^3\right)^2\times\left(-\dfrac{2}{9}x^2\right)$

4 次の等式を〔 〕の中の文字について解きなさい。

(1) $a=4b-3c$ 〔c〕

(2) $5x-6y-4z=0$ 〔y〕

過去 **5** $v=a+gt$ を t について解きなさい。

B チャレンジ問題

得点

全11問

解き方と解答 52～55ページ

1 次の計算をしなさい。

(1) $3(4x-9)+7(x+8)$　　(2) $8(2x-6)+5(1-3x)$

過去 (3) $0.8(3x-0.9)+0.3(7x-1.6)$

2 次の計算をしなさい。

過去 (1) $0.9(6x-3y)+4(0.5x-0.8y)$

過去 (2) $\dfrac{3x+y}{4}-\dfrac{x-3y}{6}$　　(3) $\dfrac{5x-6y}{8}-\dfrac{2x-9y}{6}$

3 次の計算をしなさい。

(1) $5x\times12y\div15x$　　過去 (2) $3x^3y\times(-2xy)\div6x^3y^2$

(3) $\left(-\dfrac{10}{3}x^2y\right)^2\div\dfrac{8}{5}x^5y^3\times\left(\dfrac{3}{5}y\right)^3$

4 $\dfrac{2}{3}x-\dfrac{1}{4}y=\dfrac{5}{6}z$ を y について解きなさい。

過去 **5** $S=\dfrac{(a+b)h}{2}$ を b について解きなさい。

A 解き方と解答

問題 46ページ

1 次の計算をしなさい。

(1) $(16x-15)-(11x+7)$

(2) $4(2x-3)-7(3x-1)$

(3) $0.7(5x-3)-0.4(8x+3)$

(4) $5(0.4x+0.8)-0.2(4x-5)$

【解き方】

(1) $(16x-15)-(11x+7)$

$=16x-15-11x-7$

符号に注意して（　）をはずす。

$=(16-11)x-15-7$

文字の項，数の項どうしをまとめる。

$=5x-22$

$5x-22$ 解答

(2) $4(2x-3)-7(3x-1)$

$4\times2x+4\times(-3)$

$=8x-12-21x+7$

分配法則を使って（　）をはずす。

$(-7)\times3x+(-7)\times(-1)$

$=(8-21)x-12+7$

$=-13x-5$

$-13x-5$ 解答

(3) $0.7(5x-3)-0.4(8x+3)$

$0.7\times5x+0.7\times(-3)$

$=3.5x-2.1-3.2x-1.2$

分配法則を使って（　）をはずす。

$(-0.4)\times8x+(-0.4)\times3$

$=(3.5-3.2)x-2.1-1.2$

$=0.3x-3.3$

$0.3x-3.3$ 解答

(4) $5(0.4x+0.8)-0.2(4x-5)$

$=2x+4-0.8x+1$

小数点に気をつけ，分配法則を使う。

$(-0.2)\times4x+(-0.2)\times(-5)$

$=(2-0.8)x+4+1$

$=1.2x+5$

$1.2x+5$ 解答

2 次の計算をしなさい。

(1) $7(6\boldsymbol{x}-5\boldsymbol{y})+5(8\boldsymbol{x}-3\boldsymbol{y})$

(2) $2(-3\boldsymbol{x}+5\boldsymbol{y})-4(-6\boldsymbol{x}-\boldsymbol{y})$

(3) $\boldsymbol{x}+2\boldsymbol{y}-\dfrac{5\boldsymbol{x}-9\boldsymbol{y}}{2}$

(4) $\dfrac{4\boldsymbol{x}-\boldsymbol{y}}{3}-\dfrac{4\boldsymbol{x}-7\boldsymbol{y}}{6}$

【解き方】

(1) $7(6x-5y)+5(8x-3y)$

$=42x-35y+40x-15y$ ← 分配法則を使って( )をはずす。

$=(42+40)x+(-35-15)y$ ← 同類項をまとめる。

$=82x-50y$

$\boldsymbol{82x-50y}$ 解答

(2) $2(-3x+5y)-4(-6x-y)$

$(-4)\times(-6x)+(-4)\times(-y)$

$=-6x+10y+24x+4y=18x+14y$

$\boldsymbol{18x+14y}$ 解答

(3) $x+2y-\dfrac{5x-9y}{2}$

$=\dfrac{2(x+2y)}{2}-\dfrac{5x-9y}{2}$ ← 通分する。

$=\dfrac{2x+4y-(5x-9y)}{2}=\dfrac{2x+4y-5x+9y}{2}$

$=\dfrac{-3x+13y}{2}$

かけ忘れや符号のミスを防ぐために，分子の式に( )をつけて通分する。

$\boldsymbol{\dfrac{-3x+13y}{2}}$ 解答

(4) $\dfrac{4x-y}{3}-\dfrac{4x-7y}{6}$

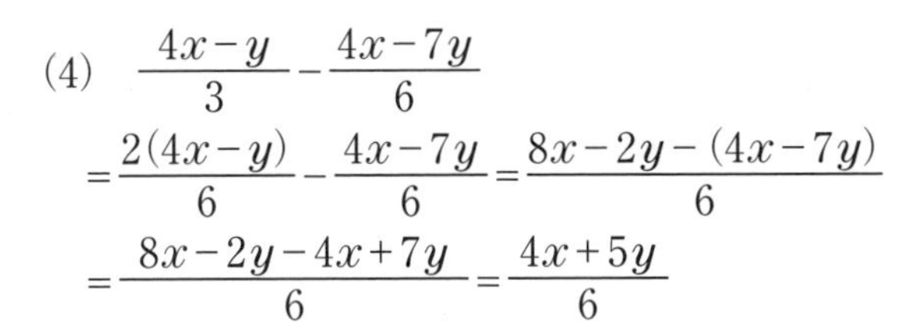

$=\dfrac{2(4x-y)}{6}-\dfrac{4x-7y}{6}=\dfrac{8x-2y-(4x-7y)}{6}$

$=\dfrac{8x-2y-4x+7y}{6}=\dfrac{4x+5y}{6}$

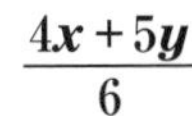

$\boldsymbol{\dfrac{4x+5y}{6}}$

3 次の計算をしなさい。

(1) $6x^2y\times(-5xy)$

(2) $-48xy^2\div 8xy$

(3) $\dfrac{24}{25}x^3y^4\div\left(\dfrac{2}{5}x^2y^3\right)^2\times\left(-\dfrac{2}{9}x^2\right)$

【解き方】

(1) $6x^2y\times(-5xy)$

$=6\times(-5)\times x^2y\times xy$　← 係数は係数，文字は文字どうしで計算する。

$=-30x^3y^2$

$-30x^3y^2$ 解答

(2) $-48xy^2\div 8xy=-\dfrac{\overset{6}{\cancel{48}}\cancel{x}y^{\cancel{2}}}{\underset{1}{\cancel{8}}\cancel{x}\cancel{y}}=-6y$

$-6y$ 解答

(3) $\dfrac{24}{25}x^3y^4\div\left(\dfrac{2}{5}x^2y^3\right)^2\times\left(-\dfrac{2}{9}x^2\right)$

$=\dfrac{24x^3y^4}{25}\div\left(\dfrac{2x^2y^3}{5}\times\dfrac{2x^2y^3}{5}\right)\times\left(-\dfrac{2x^2}{9}\right)$　← 累乗を計算する。

$=\dfrac{24x^3y^4}{25}\div\dfrac{4x^4y^6}{25}\times\left(-\dfrac{2x^2}{9}\right)$

$=\dfrac{24x^3y^4}{25}\times\dfrac{25}{4x^4y^6}\times\left(-\dfrac{2x^2}{9}\right)$　← 逆数をかける。

$=-\dfrac{\overset{6\ 2}{\cancel{24}}x^{\cancel{3}}\cancel{y^4}\times\overset{1}{\cancel{25}}\times 2x^{\cancel{2}}}{\underset{1}{\cancel{25}}\times\underset{1}{\cancel{4}}x^{\cancel{4}}y^{\cancel{6}\,2}\times\underset{3}{\cancel{9}}}=-\dfrac{4x}{3y^2}$

$-\dfrac{4x}{3y^2}$ 解答

4 次の等式を〔　〕の中の文字について解きなさい。

(1)　$a = 4b - 3c$　〔c〕

(2)　$5x - 6y - 4z = 0$　〔y〕

【解き方】

(1)　$a = 4b - 3c$

$3c = -a + 4b$　（$-3c$ と a を移項する。）

$c = \dfrac{-a + 4b}{3}$　（両辺を 3 でわる。）

$c = \dfrac{-a + 4b}{3}$　**解答**

(2)　$5x - 6y - 4z = 0$

$-6y = -5x + 4z$　（$5x$ と $-4z$ を移項する。）

$y = \dfrac{-5x + 4z}{-6}$　（両辺を -6 でわる。）

$y = \dfrac{-(-5x + 4z)}{6}$

$y = \dfrac{5x - 4z}{6}$

$y = \dfrac{5x - 4z}{6}$　**解答**

5 $v = a + gt$ を t について解きなさい。

【解き方】

$v = a + gt$

$-gt = a - v$　（gt と v を移項する。）

$t = \dfrac{a - v}{-g}$　（両辺を $-g$ でわる。）

$t = \dfrac{-(a - v)}{g}$

$t = \dfrac{-a + v}{g}$

$t = \dfrac{-a + v}{g}$　**解答**

B 解き方と解答

問題 47ページ

1 次の計算をしなさい。

(1) $3(4x-9)+7(x+8)$

(2) $8(2x-6)+5(1-3x)$

(3) $0.8(3x-0.9)+0.3(7x-1.6)$

【解き方】

(1) $3(4x-9)+7(x+8)$
$=12x-27+7x+56$
$=19x+29$

分配法則を使って( )をはずす。

$19x+29$ 解答

(2) $8(2x-6)+5(1-3x)$
$=16x-48+5-15x$
$=x-43$

$x-43$ 解答

(3) $0.8(3x-0.9)+0.3(7x-1.6)$
$=2.4x-0.72+2.1x-0.48$
$=4.5x-1.2$

分配法則を使って( )をはずす。

$4.5x-1.2$ 解答

注意
0.3×1.6は，4.8ではなく0.48
小数点の位置に気をつける。

2 次の計算をしなさい。

(1) $0.9(6x-3y)+4(0.5x-0.8y)$

(2) $\dfrac{3x+y}{4}-\dfrac{x-3y}{6}$

(3) $\dfrac{5x-6y}{8}-\dfrac{2x-9y}{6}$

【解き方】

(1) $0.9(6x-3y)+4(0.5x-0.8y)$
$=5.4x-2.7y+2x-3.2y$ ← 分配法則を使って( )をはずす。
$=7.4x-5.9y$ ← 同類項をまとめる。

$7.4x-5.9y$ 解答

(2) $\dfrac{3x+y}{4}-\dfrac{x-3y}{6}$
$=\dfrac{3(3x+y)}{12}-\dfrac{2(x-3y)}{12}$ ← 4と6の最小公倍数12で通分する。
$=\dfrac{3(3x+y)-2(x-3y)}{12}$
$=\dfrac{9x+3y-2x+6y}{12}$ ← 分配法則を使って( )をはずす。
$=\dfrac{7x+9y}{12}$

$\dfrac{7x+9y}{12}$ 解答

(3) $\dfrac{5x-6y}{8}-\dfrac{2x-9y}{6}$
$=\dfrac{3(5x-6y)}{24}-\dfrac{4(2x-9y)}{24}$ ← 8と6の最小公倍数24で通分する。
$=\dfrac{3(5x-6y)-4(2x-9y)}{24}$
$=\dfrac{15x-18y-8x+36y}{24}$
$=\dfrac{7x+18y}{24}$

$\dfrac{7x+18y}{24}$ 解答

3 次の計算をしなさい。

(1) $5x \times 12y \div 15x$

(2) $3x^3y \times (-2xy) \div 6x^3y^2$

(3) $\left(-\frac{10}{3}x^2y\right)^2 \div \frac{8}{5}x^5y^3 \times \left(\frac{3}{5}y\right)^3$

【解き方】

(1) $5x \times 12y \div 15x$

$= \frac{5x \times 12y}{15x}$ 　わる式を分母，わられる式を分子にする。

$= 4y$ 　約分する。

$4y$ 解答

(2) $3x^3y \times (-2xy) \div 6x^3y^2$

$= -\frac{3x^3y \times 2xy}{6x^3y^2}$ 　分数の形にする。

$= -x$ 　約分する。

$-x$ 解答

(3) $\left(-\frac{10}{3}x^2y\right)^2 \div \frac{8}{5}x^5y^3 \times \left(\frac{3}{5}y\right)^3$

$= \left(-\frac{10x^2y}{3}\right) \times \left(-\frac{10x^2y}{3}\right) \div \frac{8x^5y^3}{5} \times \left(\frac{3y}{5} \times \frac{3y}{5} \times \frac{3y}{5}\right)$ 　累乗を計算する。

$= \frac{100x^4y^2}{9} \times \frac{5}{8x^5y^3} \times \frac{27y^3}{125}$ 　逆数をかける。

$= \frac{100 \times 5 \times 27 \times x^4y^2 \times y^3}{9 \times 8 \times 125 \times x^5y^3}$

$= \frac{3y^2}{2x}$

$\frac{3y^2}{2x}$ 解答

確認！

$\frac{8}{5}x^5y^3 = \frac{8x^5y^3}{5}$ なので，

逆数は $\frac{5}{8x^5y^3}$

4 $\frac{2}{3}x-\frac{1}{4}y=\frac{5}{6}z$ を y について解きなさい。

【解き方】

$$\frac{2}{3}x-\frac{1}{4}y=\frac{5}{6}z$$

両辺に分母の最小公倍数 12 をかける。

$$\overset{4}{\cancel{12}}\times\frac{2}{\underset{1}{\cancel{3}}}x-\overset{3}{\cancel{12}}\times\frac{1}{\underset{1}{\cancel{4}}}y=\overset{2}{\cancel{12}}\times\frac{5}{\underset{1}{\cancel{6}}}z$$

約分する。

$$8x-3y=10z$$

$8x$ を移項する。

$$-3y=-8x+10z$$

両辺を−3 でわる。

$$y=\frac{-8x+10z}{-3}$$

$$y=\frac{-(-8x+10z)}{3}$$

$$y=\frac{8x-10z}{3}$$

$\boldsymbol{y=\frac{8x-10z}{3}}$ 解答

5 $S=\frac{(a+b)h}{2}$ を b について解きなさい。

【解き方】

$$S=\frac{(a+b)h}{2}$$

両辺に $\frac{2}{h}$ をかける。

$$\frac{2}{h}\times S=\frac{\overset{1}{\cancel{2}}}{\underset{1}{\cancel{h}}}\times\frac{(a+b)\overset{1}{\cancel{h}}}{\underset{1}{\cancel{2}}}$$

約分する。

$$\frac{2S}{h}=a+b$$

b と $\frac{2S}{h}$ を移項する。

$$-b=-\frac{2S}{h}+a$$

両辺に−1 をかける。

$$b=\frac{2S}{h}-a$$

$\boldsymbol{b=\frac{2S}{h}-a}$ 解答

4 1次方程式・2次方程式

1次方程式では，移項して解くものや，分数係数のものが出題され，2次方程式では，因数分解を利用して解くものと，解の公式を利用して解くものが出題されています。

POINT 1 1次方程式の解き方

移項して，$ax=b$ の形に直す。

$ax=b \qquad x=\dfrac{b}{a}$

1次方程式を解く手順

① 文字の項は左辺に，数の項は右辺に **移項** する。

② 両辺を整理して， $\boldsymbol{ax=b}$ の形にする。

③ 両辺を **x の係数** でわる。

移項…一方の辺の項を，符号を変えて他方の辺に移すこと。

例

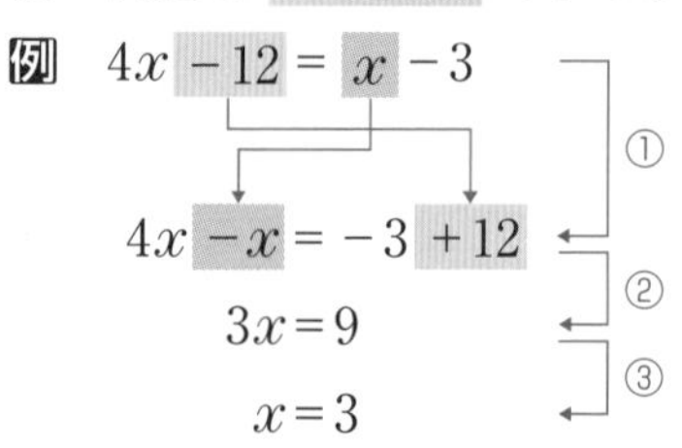

$4x-12=x-3$

$4x-x=-3+12$ …①

$3x=9$ …②

$x=3$ …③

例題 1

1次方程式　$5x-4=7x+8$　を解きなさい。

解答・解説

$5x-4=7x+8$

$5x-7x=8+4$ …xの項は左辺へ，数の項は右辺へ移項する。

$-2x=12$ …$\boldsymbol{ax=b}$ の形にする。

$x=-6$ 答 …両辺を -2 でわる。

分数係数の1次方程式

両辺に**分母の最小公倍数**をかけて，分母をはらって計算する。

例 $\frac{1}{3}x+2=\frac{1}{2}$ —両辺に6をかける→ $2x+12=3$

係数に分数を含む1次方程式は，両辺に **分母の最小公倍数** をかけて，分母をはらって計算します。

例
$$\frac{1}{2}x=\frac{1}{4}x+1$$
$$\frac{1}{2}x\times 4=\left(\frac{1}{4}x+1\right)\times 4$$
両辺に2と4の最小公倍数4をかけて，分母をはらう。
$$2x=x+4$$
$$x=4$$

例題2

1次方程式 $\frac{x-5}{4}-\frac{2x+7}{6}=0$ を解きなさい。

解答・解説

$$\frac{x-5}{4}-\frac{2x+7}{6}=0$$
$$\frac{x-5}{4}\times 12-\frac{2x+7}{6}\times 12=0$$
両辺に4と6の最小公倍数12をかけて，**分母をはらう**。
$$3(x-5)-2(2x+7)=0$$
← **かっこをつけて** 考える。
$$3x-15-4x-14=0$$
符号に注意。$(-2)\times 2x+(-2)\times 7$

移項 する。
$$3x-4x=15+14$$
$$-x=29$$
$$x=-29$$ 答

注意
分母をはらうとき，分子にはかっこをつけて計算する。かっこをはずすときは，符号に注意する。

POINT 3　2次方程式の解き方(1)

$x^2+ax+b=0$ のとき 左辺を因数分解し，
$AB=0$ ならば $A=0$，$B=0$ を利用して，解を求める。

2次方程式において，$x^2+ax+b=0$ の左辺が因数分解できるときは**因数分解し，$AB=0$ ならば $A=0$，$B=0$** を利用して解を求めます。

① $x(x+a)=0$ ⇨ $x=0$ または $x+a=0$ ⇨ $x=0$，$x=-a$

② $(x+a)(x+b)=0$ ⇨ $x+a=0$ または $x+b=0$ ⇨ $x=-a$，$x=-b$

③ $(x+a)^2=0$ ⇨ $x+a=0$ ⇨ $x=-a$

例 $x^2-x-12=0$
　$\underbrace{(x+3)}_{A}\underbrace{(x-4)}_{B}=0$ ← 左辺を因数分解する。
　$\underbrace{x+3}_{A}=0$ または $\underbrace{x-4}_{B}=0$ ← $AB=0$ ならば $A=0$，$B=0$
　$x=-3$，$x=4$

例題3

次の2次方程式を解きなさい。

(1) $\boldsymbol{x^2-3x-40=0}$

(2) $\boldsymbol{x^2+8x+16=0}$

解答・解説

(1) $x^2-3x-40=0$
　$(x+5)(x-8)=0$ ← 左辺を因数分解する。積が-40，和が-3の2数は5と-8
　$x+5=0$ または $x-8=0$
　$x=-5$，$x=8$ 答

(2) $x^2+8x+16=0$
　$(x+4)^2=0$ ← 左辺を因数分解する。
　$x+4=0$ ← 解は1つ。
　$x=-4$ 答

解法のツボ？
まず左辺が因数分解できるか考える。

POINT 4 2次方程式の解き方(2)

左辺が因数分解できないときは，解の公式を利用する。

解の公式

2次方程式　$ax^2+bx+c=0$ の解は，

$$x=\frac{-b\pm\sqrt{b^2-4ac}}{2a}$$

2次方程式　$ax^2+bx+c=0$ で，左辺が因数分解できないときは，

解の公式　$x=\dfrac{-b\pm\sqrt{b^2-4ac}}{2a}$

の式に a，b，c の値を代入して，解を求めます。

例　$x^2+5x+2=0$
$a=1$　$b=5$　$c=2$

$$x=\frac{-5\pm\sqrt{5^2-4\times1\times2}}{2\times1}$$

$$=\frac{-5\pm\sqrt{17}}{2}$$

$a=1$，$b=5$，$c=2$ を解の公式に代入する。

例題4

2次方程式　$x^2-4x-7=0$　を解きなさい。

解答・解説

$$x^2-4x-7=0$$

$$x=\frac{-(-4)\pm\sqrt{(-4)^2-4\times1\times(-7)}}{2\times1}$$

解の公式に $a=1$，$b=-4$，$c=-7$ を代入する。

$$=\frac{4\pm\sqrt{16+28}}{2}$$

$$=\frac{4\pm\sqrt{44}}{2}$$

$$=\frac{4\pm2\sqrt{11}}{2}$$

$\sqrt{\ }$ の中をできるだけ小さな数にする。

$$=2\pm\sqrt{11}$$ 答

約分する。

注意
a，b，cの値が負のときはかっこをつけて代入する。

因数分解できないので，解の公式を使うんですね。

A チャレンジ問題

得点　　全10問

解き方と解答 62~64ページ

1 次の方程式を解きなさい。

(1) $5x-6=12x+15$

過去 (2) $4x-14=-9x+12$

2 次の方程式を解きなさい。

(1) $\dfrac{3x-1}{2}=\dfrac{7x+4}{5}$

過去 (2) $\dfrac{2x-5}{3}-\dfrac{3x-2}{4}=0$

3 次の方程式を解きなさい。

過去 (1) $25x^2-16=0$

(2) $x^2+5x=0$

4 次の方程式を解きなさい。

過去 (1) $x^2-7x-8=0$

(2) $x^2+x-20=0$

5 次の方程式を解きなさい。

(1) $x^2-5x+3=0$

(2) $x^2+4x-9=0$

B チャレンジ問題

得点
全9問

解き方と解答 65〜67ページ

1 次の方程式を解きなさい。

(1) $2-x=-3x+18$

(2) $9-4(2-x)=13$

2 次の方程式を解きなさい。

(1) $\dfrac{3x-14}{4}+2x+9=0$

過去 (2) $\dfrac{-3x-8}{5}-x-7=1$

(3) $0.3(x+1)=0.2(2x-1)$

3 次の方程式を解きなさい。

(1) $8x^2-90=0$

(2) $3x^2+4x=0$

4 次の方程式を解きなさい。

(1) $x^2=3x+8$

(2) $x^2-4x+4=2(x-1)$

A 解き方と解答

問題 60ページ

1 次の方程式を解きなさい。

(1) $5x-6=12x+15$　(2) $4x-14=-9x+12$

【解き方】

(1) $5x-6=12x+15$

xの項は左辺へ，数の項は右辺へ移項する。

$5x-12x=15+6$

$ax=b$ の形にする。

$-7x=21$

両辺を-7でわる。

$x=-3$

$x=-3$ 解答

(2) $4x-14=-9x+12$

$4x+9x=12+14$

$13x=26$

$x=2$

$x=2$ 解答

2 次の方程式を解きなさい。

(1) $\dfrac{3x-1}{2}=\dfrac{7x+4}{5}$　(2) $\dfrac{2x-5}{3}-\dfrac{3x-2}{4}=0$

【解き方】

(1) $\dfrac{3x-1}{2}=\dfrac{7x+4}{5}$

両辺に2と5の最小公倍数10をかけて，分母をはらう。

$\dfrac{3x-1}{2}\times 10=\dfrac{7x+4}{5}\times 10$

$5(3x-1)=2(7x+4)$

かっこをはずす。

$15x-5=14x+8$

$15x-14x=8+5$

$x=13$

$x=13$ 解答

(2) $\dfrac{2x-5}{3}-\dfrac{3x-2}{4}=0$

$\dfrac{2x-5}{3}\times 12-\dfrac{3x-2}{4}\times 12=0$

両辺に3と4の最小公倍数12をかけて，分母をはらう。

$4(2x-5)-3(3x-2)=0$

$8x-20-9x+6=0$

$8x-9x=20-6$

数の項を右辺に移項する。

$-x=14$

$x=-14$

注意
かっこの前に－があるときは，符号に注意してかっこをはずす。

$x=-14$ 解答

---

3 次の方程式を解きなさい。

(1) $25x^2-16=0$　　(2) $x^2+5x=0$

【解き方】

$x^2=k$（kは正の数）の方程式は平方根の考え方で解こう。→P13

(1) $25x^2-16=0$

$ax^2=b$ の形にする。

$25x^2=16$

両辺を25でわる。

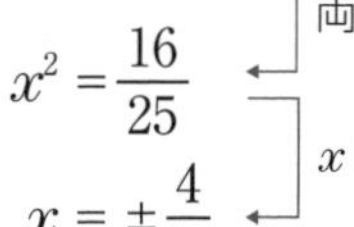

$x^2=\dfrac{16}{25}$

xは2乗すると$\dfrac{16}{25}$になる。→ xは$\dfrac{16}{25}$の平方根である。

$x=\pm\dfrac{4}{5}$

$x=\pm\dfrac{4}{5}$ 解答

(2) $x^2+5x=0$

左辺をxでくくって，因数分解する。

$x(x+5)=0$

$x=0$ または $x+5=0$

$x=0,\ x=-5$

$x=0,\ x=-5$ 解答

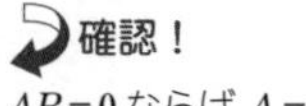

確認！
$AB=0$ ならば $A=0,\ B=0$

左辺をxでくくって，$x(x+a)=0$の形に因数分解するパターンを確認しよう。

---

4 次の方程式を解きなさい。

(1) $x^2-7x-8=0$　　(2) $x^2+x-20=0$

【解き方】

(1)　$x^2-7x-8=0$ ── 左辺を因数分解する。

$(x+1)(x-8)=0$ ── $x+1=0$ または $x-8=0$

$x=-1,\ x=8$

$\boldsymbol{x=-1,\ x=8}$ **解答**

確認！
$AB=0$ ならば $A=0,\ B=0$

(2)　$x^2+x-20=0$

$(x+5)(x-4)=0$　　$x=-5,\ x=4$

$\boldsymbol{x=-5,\ x=4}$ **解答**

---

5 **次の方程式を解きなさい。**

(1)　$\boldsymbol{x^2-5x+3=0}$　　　(2)　$\boldsymbol{x^2+4x-9=0}$

【解き方】

(1)　$x^2-5x+3=0$

$$x=\frac{-(-5)\pm\sqrt{(-5)^2-4\times1\times3}}{2\times1}$$

$\boldsymbol{x=\dfrac{-b\pm\sqrt{b^2-4ac}}{2a}}$ に $a=1,\ b=-5,\ c=3$ を代入する。

$$=\frac{5\pm\sqrt{25-12}}{2}=\frac{5\pm\sqrt{13}}{2}$$

$\boldsymbol{x=\dfrac{5\pm\sqrt{13}}{2}}$ **解答**

(2)　$x^2+4x-9=0$

$$x=\frac{-4\pm\sqrt{4^2-4\times1\times(-9)}}{2\times1}$$

$$=\frac{-4\pm\sqrt{52}}{2}=\frac{-4\pm2\sqrt{13}}{2}$$

$$=-2\pm\sqrt{13}$$

$\boldsymbol{x=-2\pm\sqrt{13}}$ **解答**

これだけは覚えておこう

〈2次方程式の解の公式〉

$ax^2+bx+c=0$ のとき，$\boldsymbol{x=\dfrac{-b\pm\sqrt{b^2-4ac}}{2a}}$

B 解き方と解答

問題 61ページ

1 次の方程式を解きなさい。

(1) $2-x=-3x+18$　　(2) $9-4(2-x)=13$

【解き方】

(1) $2-x=-3x+18$

$-x+3x=18-2$　← x の項は左辺へ，数の項は右辺へ移項する。

$2x=16$　← $ax=b$ の形にする。

$x=8$

$x=8$ 解答

(2) $9-4(2-x)=13$

$9-8+4x=13$　← 符号に気をつけて(　)をはずす。

$4x=13-9+8$　　$4x=12$　　$x=3$

$x=3$ 解答

2 次の方程式を解きなさい。

(1) $\dfrac{3x-14}{4}+2x+9=0$　　(2) $\dfrac{-3x-8}{5}-x-7=1$

(3) $0.3(x+1)=0.2(2x-1)$

【解き方】

(1) $\dfrac{3x-14}{4}+2x+9=0$

$\dfrac{3x-14}{4}\times4+(2x+9)\times4=0$　← 両辺に4をかけて，分母をはらう。

$(3x-14)+4(2x+9)=0$

$3x-14+8x+36=0$　← かっこをはずす。

$3x+8x=14-36$　← 移項する。

$11x=-22$

$x=-2$

$x=-2$ 解答

(2)
$$\frac{-3x-8}{5}-x-7=1$$
$$\frac{-3x-8}{5}\times5+(-x-7)\times5=1\times5$$
両辺に5をかけて，分母をはらう。

$$(-3x-8)+5(-x-7)=5$$
$$-3x-8-5x-35=5$$
かっこをはずす。

$$-3x-5x=5+8+35$$
$$-8x=48$$
$$x=-6$$

注意
分母をはらうときは，すべての項に 5 をかける。

$x=-6$ 解答

(3)
$$0.3(x+1)=0.2(2x-1)$$
$$0.3(x+1)\times10=0.2(2x-1)\times10$$
両辺に10をかけて（　）の前の係数を整数にする。

$$3(x+1)=2(2x-1)$$
$$3x+3=4x-2$$
かっこをはずす。

$$3x-4x=-2-3$$
移項する。

$$-x=-5$$
$$x=5$$

$x=5$ 解答

---

3 次の方程式を解きなさい。

(1)　$8x^2-90=0$　　　(2)　$3x^2+4x=0$

【解き方】

(1)
$$8x^2-90=0$$
$$8x^2=90$$
$ax^2=b$ の形にする。

$$x^2=\frac{\overset{45}{\cancel{90}}}{\underset{4}{\cancel{8}}}$$
両辺を 8 でわる。

$$x^2=\frac{45}{4}$$
$$x=\pm\frac{3\sqrt{5}}{2}$$
x は 2 乗すると $\frac{45}{4}$ になる。→ x は $\frac{45}{4}$ の平方根である。

$x=\pm\frac{3\sqrt{5}}{2}$ 解答

(2) $3x^2+4x=0$

$x(3x+4)=0$

$x=0,\ x=-\frac{4}{3}$

左辺を x でくくって，因数分解する。

$x=0$ または $3x+4=0$

$x=0,\ x=-\frac{4}{3}$ 解答

---

4 次の方程式を解きなさい。

(1) $x^2=3x+8$　　(2) $x^2-4x+4=2(x-1)$

【解き方】

(1) $x^2=3x+8$

$x^2-3x-8=0$

$$x=\frac{-(-3)\pm\sqrt{(-3)^2-4\times1\times(-8)}}{2\times1}$$

$$=\frac{3\pm\sqrt{9+32}}{2}$$

$$=\frac{3\pm\sqrt{41}}{2}$$

$x=\frac{-b\pm\sqrt{b^2-4ac}}{2a}$ に $a=1,\ b=-3,\ c=-8$ を代入する。

$x=\frac{3\pm\sqrt{41}}{2}$ 解答

(2) $x^2-4x+4=2(x-1)$

$x^2-6x+6=0$

( )をはずし，$ax^2+bx+c=0$ の形に整理する。

$$x=\frac{-(-6)\pm\sqrt{(-6)^2-4\times1\times6}}{2\times1}$$

$$=\frac{6\pm\sqrt{12}}{2}$$

$$=\frac{6\pm2\sqrt{3}}{2}$$

$$=3\pm\sqrt{3}$$

$x=3\pm\sqrt{3}$ 解答

5 連立方程式

ここが出題される 連立方程式は，代入法と加減法の両方の解法を使いこなせるようにしましょう。1 次方程式同様に，係数が小数でも分数でも，確実に得点することが求められます。

POINT 1 代入法

$x=\sim$，$y=\sim$の形になっている式を他方に代入する。

例 $\begin{cases} x=2y-3 & \cdots ① \\ x+y=6 & \cdots ② \end{cases}$ ①を②に代入 ⇨ $(2y-3)+y=6$ ←求めた y を使って x の値を求める。

└代入した部分

● $x=\sim$または，$y=\sim$の形になっているほうの式を他方の式に代入して，1 つの文字を消去する方法を **代入法** といいます。

例題 1

連立方程式 $\begin{cases} \boldsymbol{7x+4y=1} \\ \boldsymbol{y=3x+5} \end{cases}$ を解きなさい。

解答・解説

$\begin{cases} 7x+4y=1 \cdots ① \\ y=3x+5 \quad \cdots ② \end{cases}$

②を①に代入して，yを消去する。

$\begin{cases} 7x+4\boldsymbol{y}=1 \\ \quad\uparrow \text{代入する。} \\ y=\boldsymbol{3x+5} \end{cases}$

$7x+4(\boldsymbol{3x+5})=1$ ┐分配法則を使って（　）をはずす。

$7x+12x+20=1$ ←┘

$19x=-19$

$x=-1$

$x=-1$を②に代入して，$y=3\times(-1)+5$

$=2$

よって，$\begin{cases} x=-1 \\ y=2 \end{cases}$ 答

POINT 2 加減法

x，yのどちらか消しやすい文字を消去して解く。

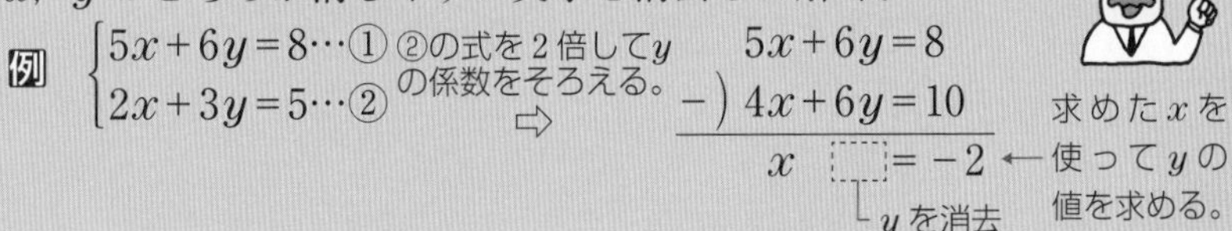

1つの文字の係数（けいすう）の絶対値（ぜったいち）をそろえ，左辺どうし，右辺どうしをたすかひくかして，1つの文字を消去する方法を **加減法** といいます。

例題2

連立方程式 $\begin{cases} 4x+3y=1 \\ 5x+2y=-4 \end{cases}$ を解きなさい。

解答・解説

$\begin{cases} 4x+3y=1 \quad\cdots① \\ 5x+2y=-4\cdots② \end{cases}$

②×3より，$\quad 15x+6y=-12\cdots②'$ ←yの係数の絶対値をそろえる。

①×2より，$-)\ \ 8x+6y=2\quad\cdots①'$ ←yの係数の絶対値をそろえる。

②′−①′より，$\quad 7x\quad=-14$

$x\quad=-2$

$x=-2$を①に代入して，$4\times(-2)+3y=1$

$3y=9$

$y=3$

よって，$\begin{cases} x=-2 \\ y=3 \end{cases}$ 答

解法のツボ

係数の絶対値が簡単にそろうほうの文字を消去する。

A チャレンジ問題

得点　　全8問

解き方と解答 72〜75ページ

1 次の連立方程式を解きなさい。

(1) $\begin{cases} y=-x-2 \\ 2x-3y=-9 \end{cases}$

(2) $\begin{cases} 3x-8y=4 \\ x=5y-1 \end{cases}$

2 次の連立方程式を解きなさい。

(1) $\begin{cases} 2x+3y=7 \\ 3x+5y=11 \end{cases}$

(2) $\begin{cases} 7x+2y=-5 \\ 4x-5y=-9 \end{cases}$

3 次の連立方程式を解きなさい。

(1) $\begin{cases} y=2x-7 \\ \dfrac{1}{3}x+\dfrac{1}{2}y=\dfrac{1}{2} \end{cases}$

(2) $\begin{cases} 0.3x-0.2y=1 \\ y=-\dfrac{1}{2}x-1 \end{cases}$

4 次の連立方程式を解きなさい。

(1) $\begin{cases} 0.8x-0.3y=3 \\ \dfrac{1}{6}x+\dfrac{2}{3}y=-\dfrac{5}{6} \end{cases}$

過去 (2) $\begin{cases} 0.5x+0.3y=0.3 \\ \dfrac{2}{3}x+\dfrac{4}{5}y=\dfrac{3}{5} \end{cases}$

B チャレンジ問題

得点

全8問

解き方と解答 76～79ページ

1 次の連立方程式を解きなさい。

(1) $\begin{cases} y=-3x-1 \\ y=2x+9 \end{cases}$

(2) $\begin{cases} 3x+5y=3 \\ y=-x+3 \end{cases}$

2 次の連立方程式を解きなさい。

(1) $\begin{cases} 3x+4y=1 \\ -5x+y=-17 \end{cases}$

(2) $\begin{cases} 3x+5y=-2 \\ 4x+9y=2 \end{cases}$

3 次の連立方程式を解きなさい。

(1) $\begin{cases} 0.4x-0.3y=0.2 \\ x=-2y-5 \end{cases}$

(2) $\begin{cases} y=-3x+5 \\ \dfrac{1}{3}x-\dfrac{1}{4}y=-\dfrac{1}{6} \end{cases}$

4 次の連立方程式を解きなさい。

(1) $\begin{cases} 2.3x-0.9y=2.4 \\ x-\dfrac{y-1}{4}=2 \end{cases}$

(2) $\begin{cases} 1.5x+0.75y=0.25 \\ \dfrac{1}{3}x+\dfrac{1}{2}y=\dfrac{11}{18} \end{cases}$

A 解き方と解答

問題 70ページ

1 次の連立方程式を解きなさい。

(1) $\begin{cases} \boldsymbol{y} = -\boldsymbol{x} - 2 \\ 2\boldsymbol{x} - 3\boldsymbol{y} = -9 \end{cases}$

(2) $\begin{cases} 3\boldsymbol{x} - 8\boldsymbol{y} = 4 \\ \boldsymbol{x} = 5\boldsymbol{y} - 1 \end{cases}$

【解き方】

(1) $\begin{cases} y = -x-2 & \cdots① \\ 2x - 3y = -9 & \cdots② \end{cases}$

①を②に代入して，y を消去する。

$$2x - 3(-x-2) = -9$$
$$2x + 3x + 6 = -9$$

分配法則を使って(　)をはずす。

$$5x = -15$$
$$x = -3$$

$x = -3$を①に代入して，$y = -(-3) - 2$
$= 1$

$\begin{cases} \boldsymbol{x} = -3 \\ \boldsymbol{y} = 1 \end{cases}$ 解答

(2) $\begin{cases} 3x - 8y = 4 & \cdots① \\ x = 5y - 1 & \cdots② \end{cases}$

②を①に代入して，x を消去する。

$$3(5y-1) - 8y = 4$$
$$15y - 3 - 8y = 4$$

分配法則を使って(　)をはずす。

$$7y = 7$$
$$y = 1$$

$y = 1$を②に代入して，$x = 5 \times 1 - 1$
$= 4$

$\begin{cases} \boldsymbol{x} = 4 \\ \boldsymbol{y} = 1 \end{cases}$ 解答

2 次の連立方程式を解きなさい。

(1) $\begin{cases} 2x+3y=7 \\ 3x+5y=11 \end{cases}$

(2) $\begin{cases} 7x+2y=-5 \\ 4x-5y=-9 \end{cases}$

【解き方】

(1) $\begin{cases} 2x+3y=7 & \cdots① \\ 3x+5y=11 & \cdots② \end{cases}$

②×2より，　$6x+10y=22\cdots②'$

①×3より，　$-)\ 6x+9y=21\cdots①'$

②′−①′より，　$y=1$

$y=1$を①に代入して，$2x+3\times1=7$

$2x=4$

$x=2$

$\begin{cases} x=2 \\ y=1 \end{cases}$ **解答**

(2) $\begin{cases} 7x+2y=-5 & \cdots① \\ 4x-5y=-9 & \cdots② \end{cases}$

①×5より，　$35x+10y=-25\cdots①'$

②×2より，　$+)\ 8x-10y=-18\cdots②'$

①′+②′より，　$43x=-43$

$x=-1$

$x=-1$を①に代入して，$7\times(-1)+2y=-5$

$2y=2$

$y=1$

$\begin{cases} x=-1 \\ y=1 \end{cases}$ **解答**

3 次の連立方程式を解きなさい。

(1) $\begin{cases} y=2x-7 \\ \frac{1}{3}x+\frac{1}{2}y=\frac{1}{2} \end{cases}$

(2) $\begin{cases} 0.3x-0.2y=1 \\ y=-\frac{1}{2}x-1 \end{cases}$

1次方程式のように，小数や分数の係数を整数にしよう。

【解き方】

(1) $\begin{cases} y=2x-7 & \cdots① \\ \frac{1}{3}x+\frac{1}{2}y=\frac{1}{2} & \cdots② \end{cases}$

②×6より，$2x+3y=3$…②′ ← 分母の最小公倍数をかけて係数を整数にする。

①を②′に代入して，y を消去する。

$$2x+3(2x-7)=3$$
$$2x+6x-21=3$$
$$8x=24$$
$$x=3$$

← 分配法則を使って( )をはずす。

$x=3$を①に代入して，$y=2\times3-7$

$=-1$

$\begin{cases} x=3 \\ y=-1 \end{cases}$ 解答

(2) $\begin{cases} 0.3x-0.2y=1 & \cdots① \\ y=-\frac{1}{2}x-1 & \cdots② \end{cases}$

①×10より，$3x-2y=10$…①′ ← 両辺を10倍して係数を整数にする。

②を①′に代入して，y を消去する。

$$3x-2\left(-\frac{1}{2}x-1\right)=10$$
$$3x+x+2=10$$
$$4x=8$$
$$x=2$$

← 分配法則を使って( )をはずす。

$x=2$を②に代入して，$y=-\frac{1}{2}\times2-1$

$=-2$

$\begin{cases} x=2 \\ y=-2 \end{cases}$ 解答

4 次の連立方程式を解きなさい。

(1) $\begin{cases} 0.8x-0.3y=3 \\ \dfrac{1}{6}x+\dfrac{2}{3}y=-\dfrac{5}{6} \end{cases}$　　(2) $\begin{cases} 0.5x+0.3y=0.3 \\ \dfrac{2}{3}x+\dfrac{4}{5}y=\dfrac{3}{5} \end{cases}$

【解き方】

(1) $\begin{cases} 0.8x-0.3y=3 & \cdots ① \\ \dfrac{1}{6}x+\dfrac{2}{3}y=-\dfrac{5}{6} & \cdots ② \end{cases}$

②×6 より，　$x+4y=-5$ …②′　←分数係数を整数にする。

①×10 より，　$8x-3y=30$ …①′　←小数係数を整数にする。

②′×8 より，　$-)\ 8x+32y=-40$ …②″　←xの係数をそろえる。

①′－②″ より，　$-35y=70$　　$y=-2$

$y=-2$ を②′に代入して，

$x+4\times(-2)=-5$

$x=-5+8$

$x=3$

$\begin{cases} x=3 \\ y=-2 \end{cases}$ **解答**

(2) $\begin{cases} 0.5x+0.3y=0.3 & \cdots ① \\ \dfrac{2}{3}x+\dfrac{4}{5}y=\dfrac{3}{5} & \cdots ② \end{cases}$

①×10 より，　$5x+3y=3$ …①′　←小数係数を整数にする。

②×15 より，　$10x+12y=9$ …②′　←分数係数を整数にする。

①′×2 より，　$-)\ 10x+6y=6$ …①″　←xの係数をそろえる。

②′－①″より，　$6y=3$　　$y=\dfrac{1}{2}$

$y=\dfrac{1}{2}$ を②′に代入して，

$10x+12\times\dfrac{1}{2}=9$

$10x=9-6$

$x=\dfrac{3}{10}$

$\begin{cases} x=\dfrac{3}{10} \\ y=\dfrac{1}{2} \end{cases}$ **解答**

B 解き方と解答

問題 71ページ

1 次の連立方程式を解きなさい。

(1) $\begin{cases} \boldsymbol{y} = -3\boldsymbol{x} - 1 \\ \boldsymbol{y} = 2\boldsymbol{x} + 9 \end{cases}$

(2) $\begin{cases} 3\boldsymbol{x} + 5\boldsymbol{y} = 3 \\ \boldsymbol{y} = -\boldsymbol{x} + 3 \end{cases}$

【解き方】

(1) $\begin{cases} y = -3x - 1 & \cdots ① \\ y = 2x + 9 & \cdots ② \end{cases}$

①を②に代入して，y を消去する。

$$-3x - 1 = 2x + 9$$
$$-5x = 10$$
$$x = -2$$

$x = -2$を②に代入して，$y = 2 \times (-2) + 9$

$= 5$

$\begin{cases} \boldsymbol{x} = -2 \\ \boldsymbol{y} = 5 \end{cases}$ 解答

(2) $\begin{cases} 3x + 5y = 3 & \cdots ① \\ y = -x + 3 & \cdots ② \end{cases}$

②を①に代入して，y を消去する。

$$3x + 5(-x + 3) = 3$$
$$3x - 5x + 15 = 3$$

分配法則を使って(　)をはずす。

$$-2x = -12$$
$$x = 6$$

$x = 6$を②に代入して，$y = -6 + 3$

$= -3$

$\begin{cases} \boldsymbol{x} = 6 \\ \boldsymbol{y} = -3 \end{cases}$ 解答

2 次の連立方程式を解きなさい。

(1) $\begin{cases} 3\boldsymbol{x}+4\boldsymbol{y}=1 \\ -5\boldsymbol{x}+\boldsymbol{y}=-17 \end{cases}$

(2) $\begin{cases} 3\boldsymbol{x}+5\boldsymbol{y}=-2 \\ 4\boldsymbol{x}+9\boldsymbol{y}=2 \end{cases}$

【解き方】

(1) $\begin{cases} 3x+4y=1 & \cdots① \\ -5x+y=-17 & \cdots② \end{cases}$

$3x+4y=1 \quad \cdots①$

②× 4 より，$-)\ -20x+4y=-68 \quad \cdots②'$

①−②′ より，$23x=69$

$x=3$

$x=3$ を②に代入して，$-5\times3+y=-17$

$y=-17+15$

$y=-2$

$\begin{cases} \boldsymbol{x}=3 \\ \boldsymbol{y}=-2 \end{cases}$ **解答**

別解 ②を変形して，$y=5x-17 \quad \cdots②''$

②″を①に代入して，

$3x+4(5x-17)=1 \quad 23x=69 \quad x=3$

としてもよい。

(2) $\begin{cases} 3x+5y=-2 & \cdots① \\ 4x+9y=2 & \cdots② \end{cases}$

①×4 より，$12x+20y=-8 \quad \cdots①'$

②×3 より，$-)\ 12x+27y=6 \quad \cdots②'$

①′ −②′ より，$-7y=-14$

$y=2$

$y=2$ を①に代入して，$3x+5\times2=-2$

$3x=-12$

$x=-4$

$\begin{cases} \boldsymbol{x}=-4 \\ \boldsymbol{y}=2 \end{cases}$ **解答**

3 次の連立方程式を解きなさい。

(1) $\begin{cases} 0.4x-0.3y=0.2 \\ x=-2y-5 \end{cases}$

(2) $\begin{cases} y=-3x+5 \\ \frac{1}{3}x-\frac{1}{4}y=-\frac{1}{6} \end{cases}$

1次方程式のように，小数や分数の係数を整数にしよう。

【解き方】

(1) $\begin{cases} 0.4x-0.3y=0.2 \cdots ① \\ x=-2y-5 \quad \cdots ② \end{cases}$

①×10より，$4x-3y=2$…①′ ← 両辺を10倍して係数を整数にする。

②を①′に代入して，xを消去する。

$$4(-2y-5)-3y=2$$
$$-8y-20-3y=2$$
分配法則を使って（ ）をはずす。
$$-11y=22$$
$$y=-2$$

$y=-2$を②に代入して，$x=-2\times(-2)-5$
$=-1$

$\begin{cases} x=-1 \\ y=-2 \end{cases}$ 解答

(2) $\begin{cases} y=-3x+5 \quad \cdots ① \\ \frac{1}{3}x-\frac{1}{4}y=-\frac{1}{6} \cdots ② \end{cases}$

②×12より，$4x-3y=-2$…②′ ← 分母の最小公倍数をかけて係数を整数にする。

①を②′に代入して，yを消去する。

$$4x-3(-3x+5)=-2$$
$$4x+9x-15=-2$$
分配法則を使って（ ）をはずす。
$$13x=13$$
$$x=1$$

$x=1$を①に代入して，$y=-3\times1+5$
$=2$

$\begin{cases} x=1 \\ y=2 \end{cases}$ 解答

4 次の連立方程式を解きなさい。

(1) $\begin{cases} 2.3x - 0.9y = 2.4 \\ x - \dfrac{y-1}{4} = 2 \end{cases}$　　(2) $\begin{cases} 1.5x + 0.75y = 0.25 \\ \dfrac{1}{3}x + \dfrac{1}{2}y = \dfrac{11}{18} \end{cases}$

【解き方】

(1) $\begin{cases} 2.3x - 0.9y = 2.4 \cdots ① \\ x - \dfrac{y-1}{4} = 2 \quad \cdots ② \end{cases}$

②×4 より，　$4x-(y-1)=8$　← 分数係数を整数にする。

$4x-y+1=8$　← かっこをはずす。

$4x-y=7$　…②′

①×10 より，　$23x-9y=24$ …①′　← 小数係数を整数にする。

②′×9 より，　$-)\ 36x-9y=63$ …②″　← y の係数をそろえる。

①′－②″より，　$-13x \quad = -39$　　$x=3$

$x=3$ を②′に代入して，$12-y=7$

$-y=7-12$

$y=5$

$\begin{cases} x=3 \\ y=5 \end{cases}$ 

(2) $\begin{cases} 1.5x + 0.75y = 0.25 \cdots ① \\ \dfrac{1}{3}x + \dfrac{1}{2}y = \dfrac{11}{18} \quad \cdots ② \end{cases}$

①×100より，　$150x+75y=25$ …①′　← 小数係数を整数にする。

②×18より，　$6x+9y=11$ …②′　← 分数係数を整数にする。

①′÷25より，　$-)\ 6x+3y=1$ …①″　← x の係数をそろえる。

②′－①″より，　$6y=10$　　$y=\dfrac{5}{3}$

$y=\dfrac{5}{3}$ を②′に代入して，$6x+9\times\dfrac{5}{3}=11$

$6x=-4$

$x=-\dfrac{2}{3}$

$\begin{cases} x=-\dfrac{2}{3} \\ y=\dfrac{5}{3} \end{cases}$ 

6 比例と反比例・関数 $y=ax^2$

ここが出題される
比例や反比例の式，関数 $y=ax^2$ の式を求める問題や，その式をもとに別の値を求める問題が出題されます。比例や反比例とともに，関数 $y=ax^2$ の問題を確実に得点に結びつけましょう。

POINT 1 比例・反比例

▶y は x に比例する ⇨ $y=ax$（a は比例定数）

▶y は x に反比例する ⇨ $y=\frac{a}{x}$（a は比例定数）

例題 1

y は x に比例し，$x=-6$ のとき $y=2$ です。y を x の式で表しなさい。

解答・解説

y は x に比例するので，$y=ax$（a は比例定数）と表せる。

$x=-6$ のとき $y=2$ だから，

$2=a\times(-6)$

$-6a=2$

$a=-\frac{1}{3}$　　したがって，$y=-\frac{1}{3}x$ 答

$y=ax$ に，x と y の値を代入しよう。

例題 2

y は x に反比例し，$x=3$ のとき $y=8$ です。$x=2$ のときの y の値を求めなさい。

解答・解説

y は x に反比例するので，$y=\frac{a}{x}$（a は比例定数）と表せる。

$x=3$ のとき $y=8$ だから，

$$8=\frac{a}{3}$$

$$a=24$$

したがって，$y=\frac{24}{x}$となり，$x=2$を代入して，$y=\frac{24}{2}=12$ 答

POINT 2 関数 $y=ax^2$

yはxの2乗に比例する ⇨ $y=ax^2$（aは比例定数）

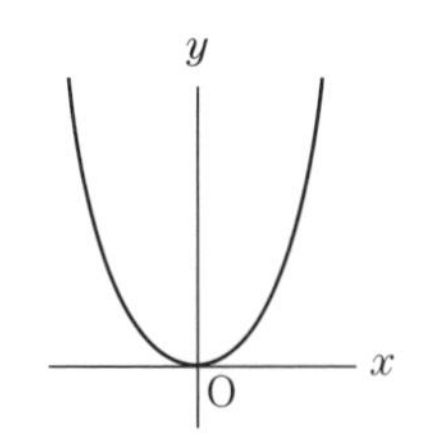

変数x，yに関して，**xの値が2倍，3倍，……**になるにつれ，**yの値が4倍，9倍，……**になる関係を**2乗に比例**するといいます。yがxの2乗に比例するとき，その関係は**$y=ax^2$**で表されます。

例題3

yはxの2乗に比例します。このとき，次の問いに答えなさい。

(1)　$x=4$のとき$y=32$です。yをxの式で表しなさい。

(2)　$x=-3$のとき$y=-3$です。$x=6$のときのyの値を求めなさい。

解答・解説

yはxの2乗に比例するので，$y=ax^2$（aは比例定数）と表せる。

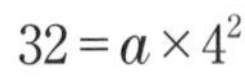

(1)　$x=4$のとき$y=32$だから，

$y=ax^2$に，xとyの値を代入しよう。

$$32=a\times4^2$$

$$16a=32$$

$$a=2$$　したがって，$y=2x^2$ 答

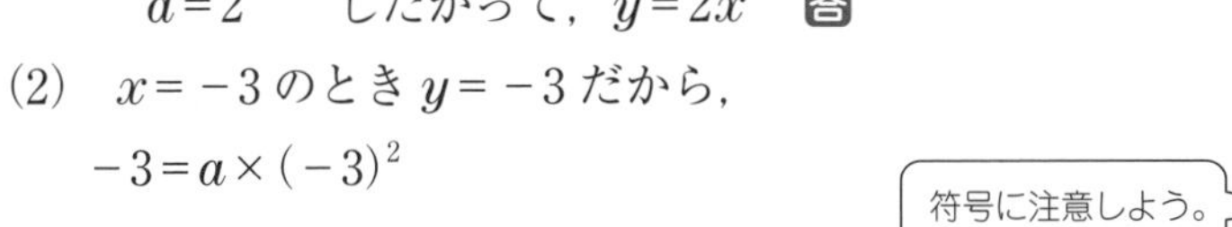

(2)　$x=-3$のとき$y=-3$だから，

$$-3=a\times(-3)^2$$

符号に注意しよう。

$$9a=-3$$

$$a=-\frac{1}{3}$$

したがって，$y=-\frac{1}{3}x^2$となり，$x=6$を代入して，

$$y=-\frac{1}{3}\times6^2=-12$$ 答

計算技能検定（1次）対策

A チャレンジ問題

得点
全9問

解き方と解答 84〜86ページ

1 yはxに比例します。このとき，次の問いに答えなさい。

(1) $x=-8$のとき$y=6$です。yをxの式で表し，$x=-12$のときのyの値を求めなさい。

(2) $x=-4$のとき$y=-10$です。yをxの式で表し，$x=-6$のときのyの値を求めなさい。

(3) $x=6$のとき$y=-2$です。yをxの式で表し，$x=-9$のときのyの値を求めなさい。

2 yはxに反比例します。このとき，次の問いに答えなさい。

(1) $x=6$のとき$y=-4$です。yをxの式で表し，$x=3$のときのyの値を求めなさい。

(2) $x=-3$のとき$y=-6$です。yをxの式で表し，$x=2$のときのyの値を求めなさい。

(3) $x=-2$のとき$y=14$です。yをxの式で表し，$x=-7$のときのyの値を求めなさい。

3 yはxの2乗に比例します。このとき，次の問いに答えなさい。

(1) $x=4$のとき$y=-8$です。yをxの式で表し，$x=-2$のときのyの値を求めなさい。

(2) $x=-2$のとき$y=12$です。yをxの式で表し，$x=-4$のときのyの値を求めなさい。

(3) $x=-3$のとき$y=-15$です。yをxの式で表し，$x=6$のときのyの値を求めなさい。

B チャレンジ問題

得点

全 9 問

解き方と解答 87～89ページ

1 y は x に比例します。このとき，次の問いに答えなさい。

(1) $x=10$ のとき $y=15$ です。y を x の式で表し，$x=-4$ のときの y の値を求めなさい。

(2) $x=-9$ のとき $y=-12$ です。y を x の式で表し，$x=6$ のときの y の値を求めなさい。

(3) $x=-14$ のとき $y=21$ です。y を x の式で表し，$x=-8$ のときの y の値を求めなさい。

2 y は x に反比例します。このとき，次の問いに答えなさい。

(1) $x=-5$ のとき $y=10$ です。y を x の式で表し，$x=-2$ のときの y の値を求めなさい。

(2) $x=-12$ のとき $y=-4$ です。y を x の式で表し，$x=-3$ のときの y の値を求めなさい。

(3) $x=4$ のとき $y=8$ です。y を x の式で表し，$x=-6$ のときの y の値を求めなさい。

3 y は x の 2 乗に比例します。このとき，次の問いに答えなさい。

(1) $x=-4$ のとき $y=12$ です。y を x の式で表し，$x=2$ のときの y の値を求めなさい。

(2) $x=-6$ のとき $y=-24$ です。y を x の式で表し，$x=-3$ のときの y の値を求めなさい。

(3) $x=5$ のとき $y=-10$ です。y を x の式で表し，$x=-10$ のときの y の値を求めなさい。

解き方と解答

問題 82ページ

1 $\boldsymbol{y}$ は $\boldsymbol{x}$ に比例します。このとき，次の問いに答えなさい。

(1)　$\boldsymbol{x}=-8$ のとき $\boldsymbol{y}=6$ です。$\boldsymbol{y}$ を $\boldsymbol{x}$ の式で表し，$\boldsymbol{x}=-12$ のときの $\boldsymbol{y}$ の値を求めなさい。

(2)　$\boldsymbol{x}=-4$ のとき $\boldsymbol{y}=-10$ です。$\boldsymbol{y}$ を $\boldsymbol{x}$ の式で表し，$\boldsymbol{x}=-6$ のときの $\boldsymbol{y}$ の値を求めなさい。

(3)　$\boldsymbol{x}=6$ のとき $\boldsymbol{y}=-2$ です。$\boldsymbol{y}$ を $\boldsymbol{x}$ の式で表し，$\boldsymbol{x}=-9$ のときの $\boldsymbol{y}$ の値を求めなさい。

【解き方】

y は x に比例するので，$y=ax$（a は比例定数）と表せる。

(1)　$x=-8$ のとき $y=6$ だから，

$$6=-8a \quad a=-\frac{3}{4}$$

したがって，$y=-\frac{3}{4}x$ となり，$x=-12$ を代入して，

$$y=-\frac{3}{4}\times(-12)=9$$

$\boldsymbol{y=-\frac{3}{4}x,\ y=9}$ **解答**

(2)　$x=-4$ のとき $y=-10$ だから，

$$-10=-4a \quad a=\frac{5}{2}$$

したがって，$y=\frac{5}{2}x$ となり，$x=-6$ を代入して，

$$y=\frac{5}{2}\times(-6)=-15$$

$\boldsymbol{y=\frac{5}{2}x,\ y=-15}$ **解答**

(3)　$x=6$ のとき $y=-2$ だから，

$$-2=6a \quad a=-\frac{1}{3}$$

したがって，$y=-\frac{1}{3}x$ となり，$x=-9$ を代入して，

$$y=-\frac{1}{3}\times(-9)=3$$

$\boldsymbol{y=-\frac{1}{3}x,\ y=3}$ **解答**

2 $\boldsymbol{y}$ **は** $\boldsymbol{x}$ **に反比例します。このとき，次の問いに答えなさい。**

(1)　$x=6$ のとき $y=-4$ です。y を x の式で表し，$x=3$ のときの y の値を求めなさい。

(2)　$x=-3$ のとき $y=-6$ です。y を x の式で表し，$x=2$ のときの y の値を求めなさい。

(3)　$x=-2$ のとき $y=14$ です。y を x の式で表し，$x=-7$ のときの y の値を求めなさい。

【解き方】

y は x に反比例するので，$y=\dfrac{a}{x}$（a は比例定数）と表せる。

(1)　$x=6$ のとき $y=-4$ だから，

$$-4=\frac{a}{6}$$

$$a=-24$$

$y=\dfrac{a}{x}$ に，x と y の値を代入しよう。

したがって，$y=-\dfrac{24}{x}$ となり，$x=3$ を代入して，

$$y=-\frac{24}{3}=-8$$

$y=-\dfrac{24}{x}$，$y=-8$ 解答

(2)　$x=-3$ のとき $y=-6$ だから，

$$-6=\frac{a}{-3}\quad a=18$$

したがって，$y=\dfrac{18}{x}$ となり，$x=2$ を代入して，

$$y=\frac{18}{2}=9$$

$y=\dfrac{18}{x}$，$y=9$ 解答

(3)　$x=-2$ のとき $y=14$ だから，

$$14=\frac{a}{-2}\quad a=-28$$

したがって，$y=-\dfrac{28}{x}$ となり，$x=-7$ を代入して，

$$y=-\frac{28}{-7}=4$$

$y=-\dfrac{28}{x}$，$y=4$ 解答

3 $\boldsymbol{y}$ は $\boldsymbol{x}$ の２乗に比例します。このとき，次の問いに答えなさい。

(1)　$\boldsymbol{x}=4$ のとき $\boldsymbol{y}=-8$ です。$\boldsymbol{y}$ を $\boldsymbol{x}$ の式で表し，$\boldsymbol{x}=-2$ のときの $\boldsymbol{y}$ の値を求めなさい。

(2)　$\boldsymbol{x}=-2$ のとき $\boldsymbol{y}=12$ です。$\boldsymbol{y}$ を $\boldsymbol{x}$ の式で表し，$\boldsymbol{x}=-4$ のときの $\boldsymbol{y}$ の値を求めなさい。

(3)　$\boldsymbol{x}=-3$ のとき $\boldsymbol{y}=-15$ です。$\boldsymbol{y}$ を $\boldsymbol{x}$ の式で表し，$\boldsymbol{x}=6$ のときの $\boldsymbol{y}$ の値を求めなさい。

【解き方】

y は x の２乗に比例するので，$y=ax^2$ (a は比例定数)と表せる。

(1)　$x=4$ のとき $y=-8$ だから，

$$-8=a\times4^2$$

$$a=-\frac{1}{2}$$

したがって，$y=-\frac{1}{2}x^2$ となり，$x=-2$ を代入して，

$$y=-\frac{1}{2}\times(-2)^2=-2$$

$y=-\frac{1}{2}x^2$，$y=-2$ 解答

(2)　$x=-2$ のとき $y=12$ だから，

$$12=a\times(-2)^2$$

$$a=3$$

したがって，$y=3x^2$ となり，$x=-4$ を代入して，

$$y=3\times(-4)^2=48$$

$y=3x^2$，$y=48$ 解答

(3)　$x=-3$ のとき $y=-15$ だから，

$$-15=a\times(-3)^2$$

$$a=-\frac{5}{3}$$

したがって，$y=-\frac{5}{3}x^2$ となり，$x=6$ を代入して，

$$y=-\frac{5}{3}\times6^2=-60$$

$y=-\frac{5}{3}x^2$，$y=-60$ 解答

B 解き方と解答

問題 83ページ

---

1 $\boldsymbol{y}$ **は** $\boldsymbol{x}$ **に比例します。このとき，次の問いに答えなさい。**

(1)　$x=10$ のとき $y=15$ です。y を x の式で表し，$x=-4$ のときの y の値を求めなさい。

(2)　$x=-9$ のとき $y=-12$ です。y を x の式で表し，$x=6$ のときの y の値を求めなさい。

(3)　$x=-14$ のとき $y=21$ です。y を x の式で表し，$x=-8$ のときの y の値を求めなさい。

【解き方】

y は x に比例するので，$y=ax$（a は比例定数）と表せる。

(1)　$x=10$ のとき $y=15$ だから，

$15=10a \quad a=\dfrac{3}{2}$

$y=ax$ に，x と y の値を代入しよう。

したがって，$y=\dfrac{3}{2}x$ となり，$x=-4$ を代入して，

$y=\dfrac{3}{2}\times(-4)=-6$

$y=\dfrac{3}{2}x$，$y=-6$  解答

(2)　$x=-9$ のとき $y=-12$ だから，

$-12=-9a \quad a=\dfrac{4}{3}$

したがって，$y=\dfrac{4}{3}x$ となり，$x=6$ を代入して，

$y=\dfrac{4}{3}\times6=8$

$y=\dfrac{4}{3}x$，$y=8$ 解答

(3)　$x=-14$ のとき $y=21$ だから，

$21=-14a \quad a=-\dfrac{3}{2}$

したがって，$y=-\dfrac{3}{2}x$ となり，$x=-8$ を代入して，

$y=-\dfrac{3}{2}\times(-8)=12$

$y=-\dfrac{3}{2}x$，$y=12$ 解答

2 **y は x に反比例します。このとき，次の問いに答えなさい。**

(1)　$x=-5$ のとき $y=10$ です。y を x の式で表し，$x=-2$ のときの y の値を求めなさい。

(2)　$x=-12$ のとき $y=-4$ です。y を x の式で表し，$x=-3$ のときの y の値を求めなさい。

(3)　$x=4$ のとき $y=8$ です。y を x の式で表し，$x=-6$ のときの y の値を求めなさい。

【解き方】

y は x に反比例するので，$y=\frac{a}{x}$（a は比例定数）と表せる。

(1)　$x=-5$ のとき $y=10$ だから，

$$10=\frac{a}{-5}$$

$$a=-50$$

したがって，$y=-\frac{50}{x}$ となり，$x=-2$ を代入して，

$$y=-\frac{50}{-2}=25$$

$y=-\frac{50}{x}$，$y=25$ 解答

(2)　$x=-12$ のとき $y=-4$ だから，

$$-4=\frac{a}{-12}\quad a=48$$

したがって，$y=\frac{48}{x}$ となり，$x=-3$ を代入して，

$$y=\frac{48}{-3}=-16$$

$y=\frac{48}{x}$，$y=-16$ 解答

(3)　$x=4$ のとき $y=8$ だから，

$$8=\frac{a}{4}\quad a=32$$

したがって，$y=\frac{32}{x}$ となり，$x=-6$ を代入して，

$$y=\frac{32}{-6}=-\frac{16}{3}$$

$y=\frac{32}{x}$，$y=-\frac{16}{3}$ 解答

3 $\boldsymbol{y}$ **は** $\boldsymbol{x}$ **の 2 乗に比例します。このとき，次の問いに答えなさい。**

(1)　$\boldsymbol{x=-4}$ **のとき** $\boldsymbol{y=12}$ **です。**$\boldsymbol{y}$ **を** $\boldsymbol{x}$ **の式で表し，**$\boldsymbol{x=2}$ **のときの** $\boldsymbol{y}$ **の値を求めなさい。**

(2)　$\boldsymbol{x=-6}$ **のとき** $\boldsymbol{y=-24}$ **です。**$\boldsymbol{y}$ **を** $\boldsymbol{x}$ **の式で表し，**$\boldsymbol{x=-3}$ **のときの** $\boldsymbol{y}$ **の値を求めなさい。**

(3)　$\boldsymbol{x=5}$ **のとき** $\boldsymbol{y=-10}$ **です。**$\boldsymbol{y}$ **を** $\boldsymbol{x}$ **の式で表し，**$\boldsymbol{x=-10}$ **のときの** $\boldsymbol{y}$ **の値を求めなさい。**

【解き方】

y は x の 2 乗に比例するので，$y=ax^2$（a は比例定数）と表せる。

(1)　$x=-4$ のとき $y=12$ だから，

$$12=a\times(-4)^2$$

$$a=\frac{3}{4}$$

したがって，$y=\frac{3}{4}x^2$ となり，$x=2$ を代入して，

$$y=\frac{3}{4}\times2^2=3$$

$\boldsymbol{y=\frac{3}{4}x^2}$**，**$\boldsymbol{y=3}$　**解答**

(2)　$x=-6$ のとき $y=-24$ だから，

$$-24=a\times(-6)^2$$

$$a=-\frac{2}{3}$$

したがって，$y=-\frac{2}{3}x^2$ となり，$x=-3$ を代入して，

$$y=-\frac{2}{3}\times(-3)^2=-6$$

$\boldsymbol{y=-\frac{2}{3}x^2}$**，**$\boldsymbol{y=-6}$　**解答**

(3)　$x=5$ のとき $y=-10$ だから，

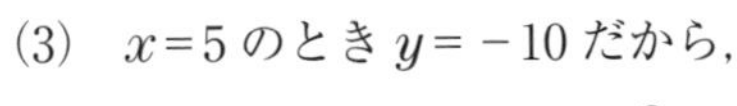

$$-10=a\times5^2\quad a=-\frac{2}{5}$$

したがって，$y=-\frac{2}{5}x^2$ となり，$x=-10$ を代入して，

$$y=-\frac{2}{5}\times(-10)^2=-40$$

$\boldsymbol{y=-\frac{2}{5}x^2}$**，**$\boldsymbol{y=-40}$　**解答**

7 図形の角

ここが出題される

平行線の同位角や錯角を利用して角度を求める問題や，多角形の角度を求める問題，円周角の定理を用いて角度を求める問題などが出題されます。しっかり得点できるように，準備をしましょう。

POINT 1 平行線と角

2直線 ℓ，m が平行ならば，同位角，錯角は等しい。

同位角

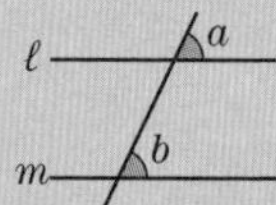

$\ell /\!/ m$ ⇨ $\angle a = \angle b$

錯角

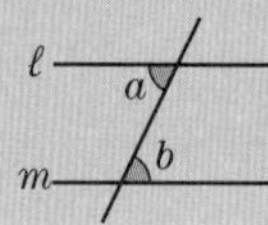

$\ell /\!/ m$ ⇨ $\angle a = \angle b$

例題 1

右の図で，$\ell /\!/ m$ のとき，$\angle x$ の大きさを求めなさい。

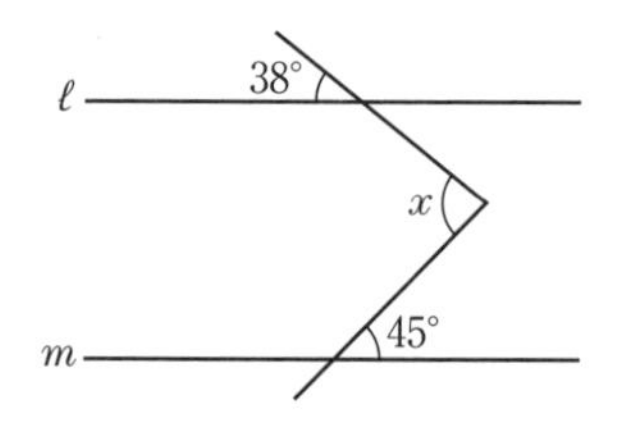

解答・解説

右の図のように，ℓ に平行な直線FBを引くと，平行線の同位角と錯角は等しいから，

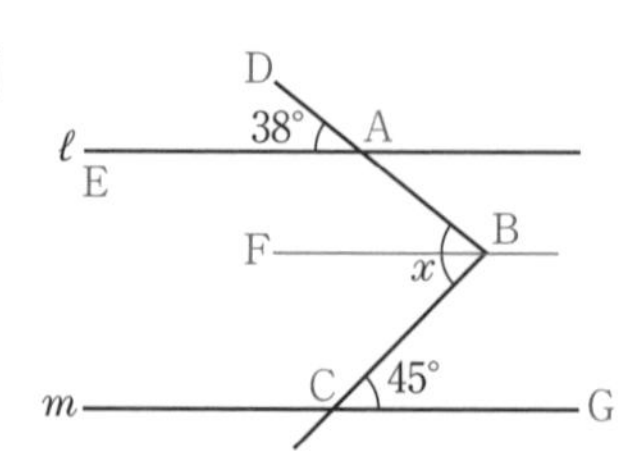

$\angle x = \angle \mathrm{ABF} + \angle \mathrm{CBF}$

$= \angle \mathrm{DAE} + \angle \mathrm{GCB}$

$= 38° + 45°$

$= 83°$ 答

POINT 2 多角形の角

▶ n 角形の内角の和と外角の和

内角の和 $=180^\circ\times(n-2)$　　外角の和 $=360^\circ$(常に)

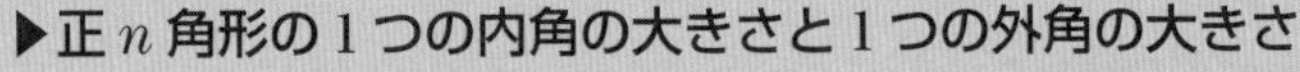

▶正 n 角形の 1 つの内角の大きさと 1 つの外角の大きさ

1 つの内角の大きさ $=180^\circ-\dfrac{360^\circ}{n}$　　1 つの外角の大きさ $=\dfrac{360^\circ}{n}$

例題 2

次の問いに答えなさい。

(1)　五角形の内角の和を求めなさい。

(2)　六角形の外角の和を求めなさい。

(3)　正九角形の 1 つの内角の大きさを求めなさい。

(4)　正八角形の 1 つの外角の大きさを求めなさい。

解答・解説

(1)　$180^\circ\times(n-2)$ に $n=5$ を代入して,

$$180^\circ\times(5-2)=180^\circ\times3$$
$$=540^\circ$$ 答

(2)　外角の和は n に関係なく 360°　答

(3)　$180^\circ-\dfrac{360^\circ}{n}$ に $n=9$ を代入して,

$$180^\circ-\frac{360^\circ}{9}=180^\circ-40^\circ$$
$$=140^\circ$$ 答

(4)　$\dfrac{360^\circ}{n}$ に $n=8$ を代入して,

$$\frac{360^\circ}{8}=45^\circ$$ 答

POINT 3 三角形の内角と外角の性質

三角形の１つの外角の大きさは，となり合わない２つの内角の和に等しい。

$$\angle d = \angle a + \angle b$$

三角形の３つの内角の和は 180° だから，

$\angle a + \angle b + \angle c = 180°$

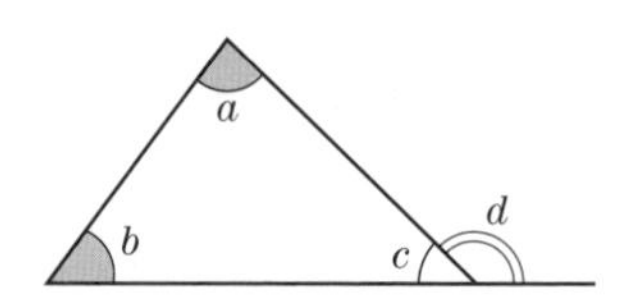

これを変形すると，

$\angle a + \angle b = 180° - \angle c$

$= \angle d$

よって，**三角形の１つの外角の大きさは，となり合わない２つの内角の和に等しい**ことになります。

例題３

右の図で，$\angle x$ の大きさを求めなさい。

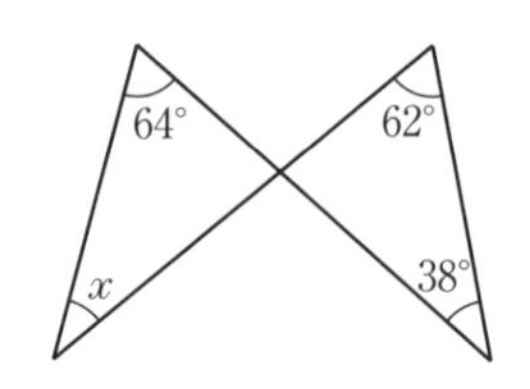

解答・解説

右の図のように，線分ACと線分BDの交点をEとする。△ABEと△CDEのそれぞれの１つの外角の大きさは，となり合わない２つの内角の和に等しいから，

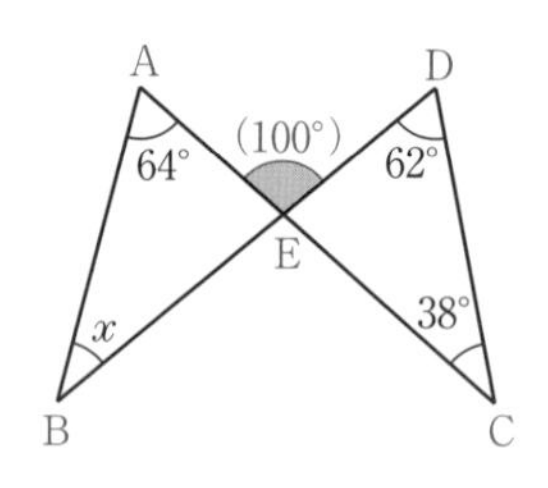

$\angle AED = \angle EAB + \angle EBA$

$\angle AED = \angle ECD + \angle EDC$

よって，

$64° + \angle x = 38° + 62°$

$\angle x = 38° + 62° - 64° = 36°$　答

POINT4 円周角の定理

1つの弧に対する**円周角の大きさは一定**であり，その弧に対する**中心角の大きさの半分**である。

$\angle APB = \frac{1}{2}\angle AOB$，$\angle APB = \angle AQB$

上の図で，∠APB，∠AQBを$\overset{\frown}{AB}$の **円周角** といい，∠AOBを$\overset{\frown}{AB}$の **中心角** といいます。

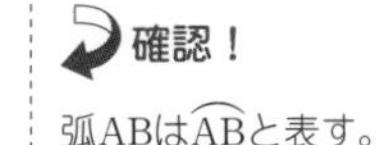

例題4

右の図で，点Aは円Oの周上にあり，線分BCは円Oの直径です。∠ABC＝34°のとき，∠*x*の大きさを求めなさい。

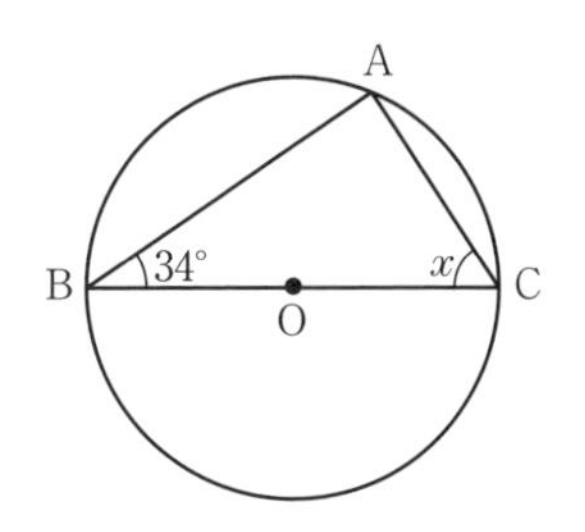

解答・解説

半円の弧に対する中心角∠BOCの大きさは180°で，その弧に対する円周角∠BACの大きさは半分の90°である。

よって，

$\angle x = 90° - 34°$

$= 56°$ 答

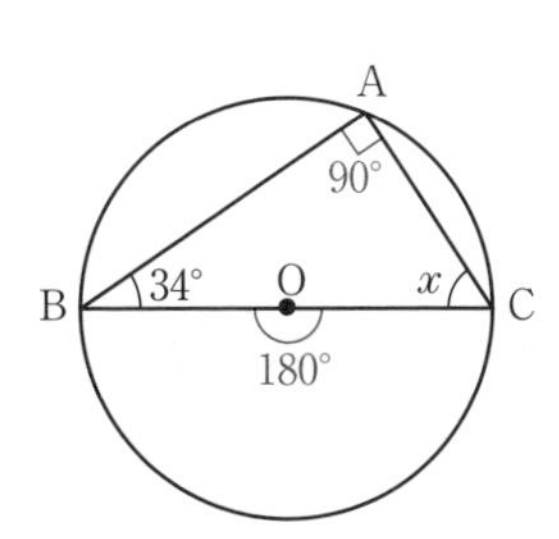

これだけは覚えておこう

〈半円の弧に対する円周角〉

半円の弧に対する円周角の大きさは 90°

A　チャレンジ問題

得点

全8問

解き方と解答　97～99ページ

1　次の問いに答えなさい。

(1)　九角形の内角の和を求めなさい。

(2)　正十二角形の１つの内角の大きさを求めなさい。

(3)　正十五角形の１つの外角の大きさを求めなさい。

(4)　正n角形の１つの内角の大きさが144°のとき，nの値を求めなさい。

2　右の図で$\ell /\!/ m$です。$\angle x$の大きさを求めなさい。

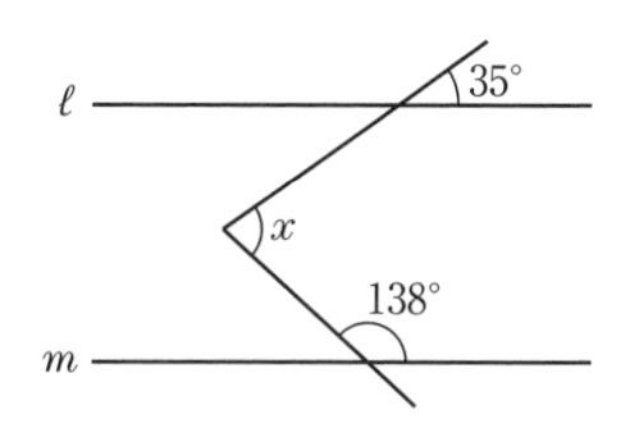

3　右の図で$\ell /\!/ m$です。$\angle x$の大きさを求めなさい。

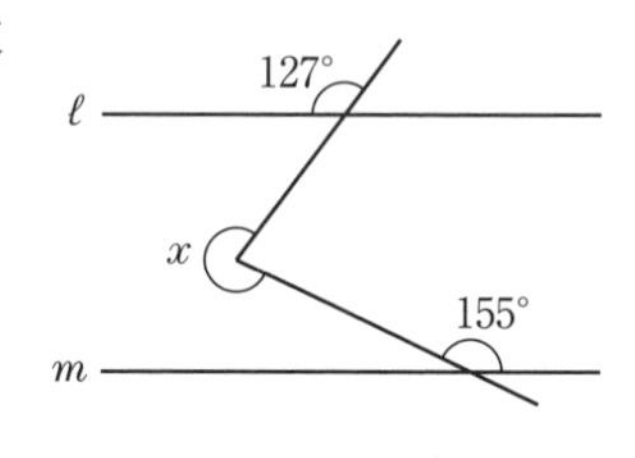

4　右の図で$\ell /\!/ m$です。$\angle x$の大きさを求めなさい。

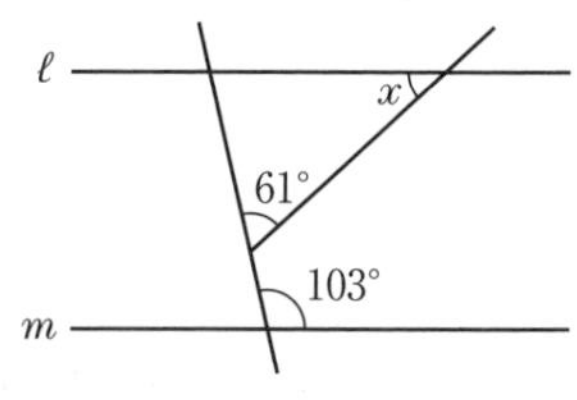

5　右の図の$\angle x$の大きさを求めなさい。

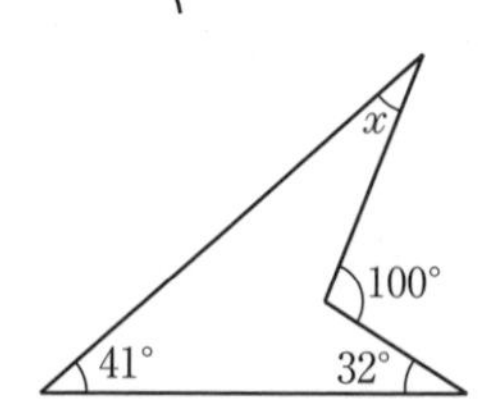

B チャレンジ問題

得点

全7問

解き方と解答 100〜103ページ

1 右の図で，点D，Eは，それぞれ半直線AB，AC上にあり，AB＝BC＝CD＝DEです。∠BAC＝19°のとき，∠xの大きさを求めなさい。

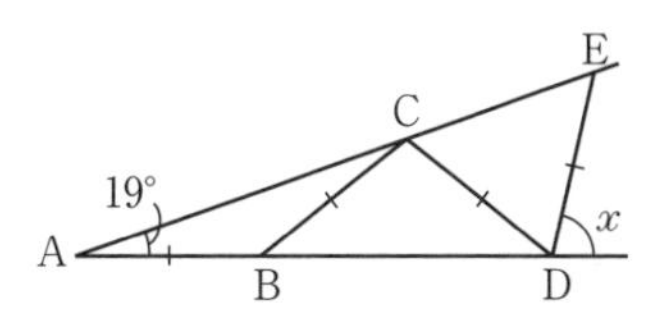

2 右の図のように，4点A，B，C，Dが円Oの周上にあり，線分ACとBDの交点をEとします。∠AED＝85°，∠BAC＝58°のとき，∠xの大きさを求めなさい。

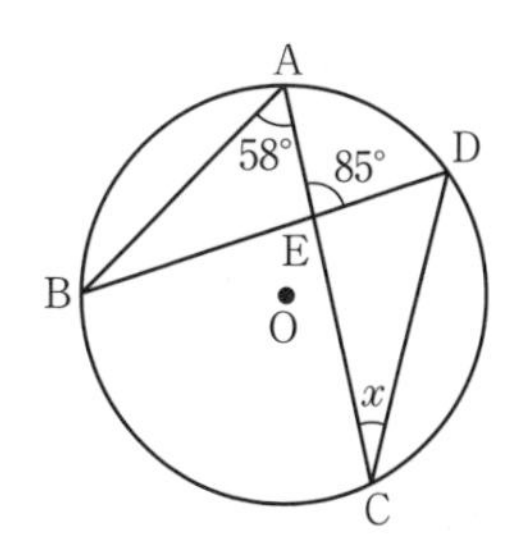

3 右の図のように，3点A，B，Cが円Oの周上にあります。∠OBC＝38°のとき，∠xの大きさを求めなさい。

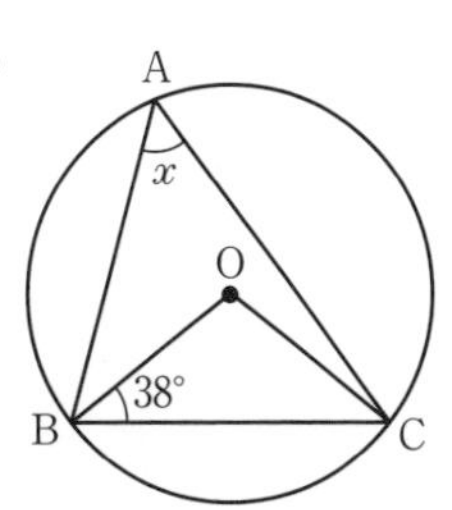

4 右の図のように，3点A，B，Cが円Oの周上にあります。∠ABC＝121°のとき，∠xの大きさを求めなさい。

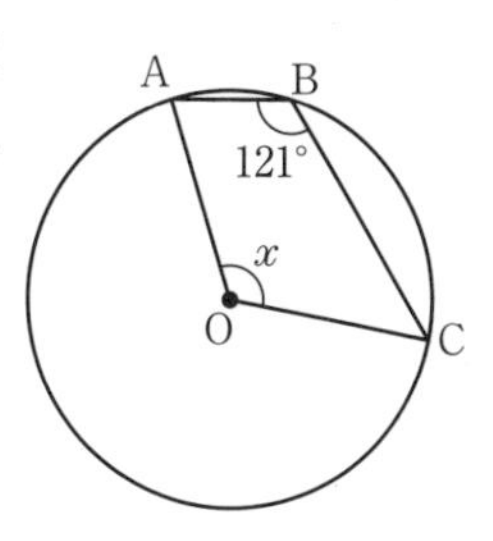

5　右の図のように，3点A，B，Cが円Oの周上にあります。∠AOC＝108°のとき，$\angle x$ の大きさを求めなさい。

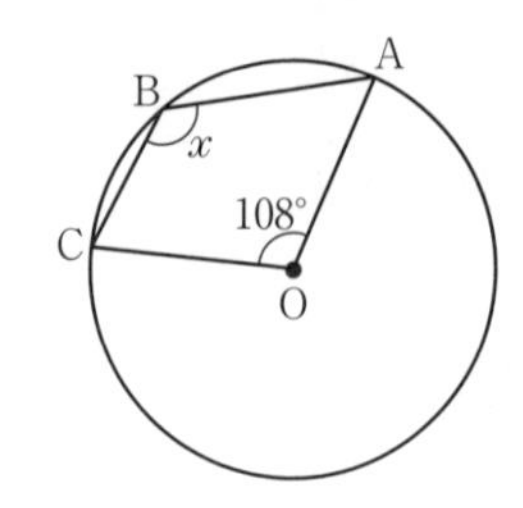

6　右の図のように，3点A，B，Cが円Oの周上にあります。∠AOB＝62°，∠OBC＝60° のとき，$\angle x$ の大きさを求めなさい。

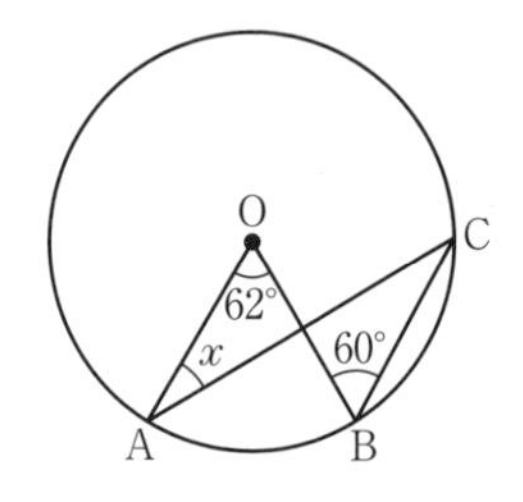

7　右の図のように，3点A，B，Cが円Oの周上にあります。∠BOC＝146°，∠ABO＝40° のとき，$\angle x$ の大きさを求めなさい。

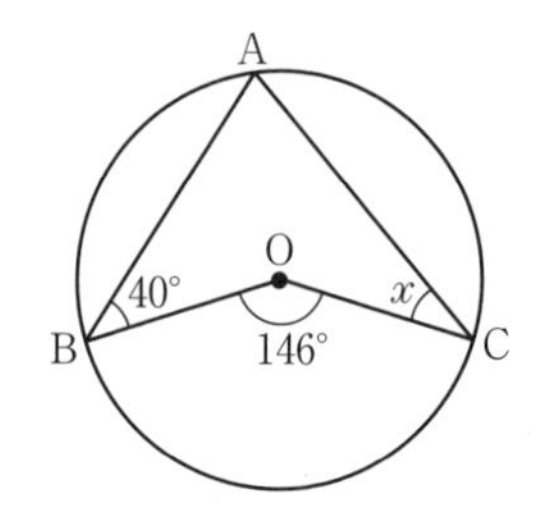

 解き方と解答

 94ページ

1 次の問いに答えなさい。

(1)　九角形の内角の和を求めなさい。

(2)　正十二角形の1つの内角の大きさを求めなさい。

(3)　正十五角形の1つの外角の大きさを求めなさい。

(4)　正 n 角形の1つの内角の大きさが144°のとき，n の値を求めなさい。

【解き方】

(1)　$180° \times (n-2)$ に $n=9$ を代入して，

$$180° \times (9-2) = 180° \times 7$$
$$= 1260°$$

1260度 

(2)　$180° - \frac{360°}{n}$ に $n=12$ を代入して，

$$180° - \frac{360°}{12} = 180° - 30°$$
$$= 150°$$

150度 

(3)　$\frac{360°}{n}$ に $n=15$ を代入して，

$$\frac{360°}{15} = 24°$$

24度 

(4)　1つの外角の大きさを求めると，

$$180° - 144° = 36°$$

外角の和は360°だから，

$$36° \times n = 360°$$
$$n = 10$$

$n=10$ 

2 **右の図で $\ell /\!/ m$ です。$\angle x$ の大きさを求めなさい。**

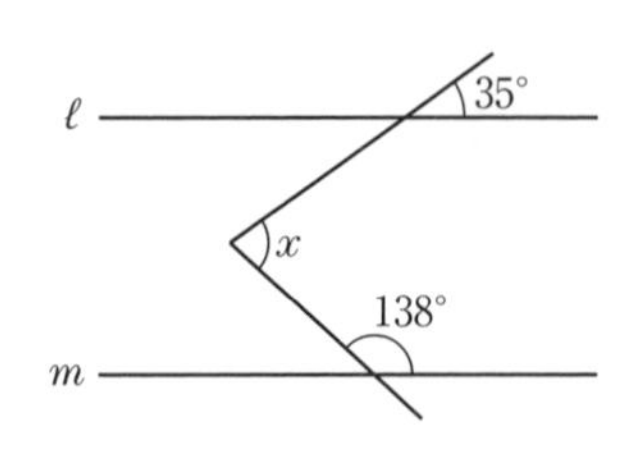

【解き方】

右の図のように，ℓ に平行な直線BFを引くと，平行線の同位角と錯角は等しいから，

$$\begin{aligned}\angle x &= \angle \mathrm{ABF} + \angle \mathrm{CBF} \\ &= \angle \mathrm{DAE} + \angle \mathrm{GCB} \\ &= 35^\circ + (180^\circ - 138^\circ) \\ &= 77^\circ\end{aligned}$$

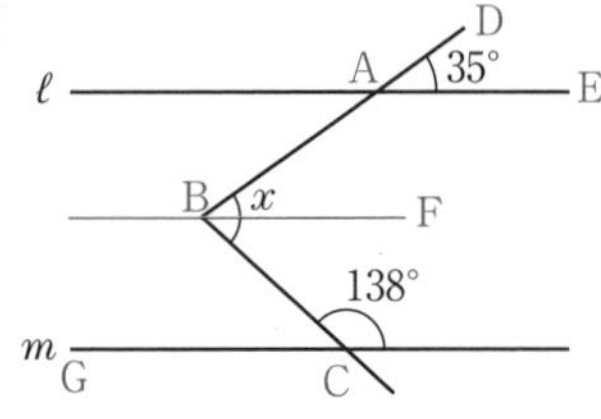

77度 解答

3 **右の図で $\ell /\!/ m$ です。$\angle x$ の大きさを求めなさい。**

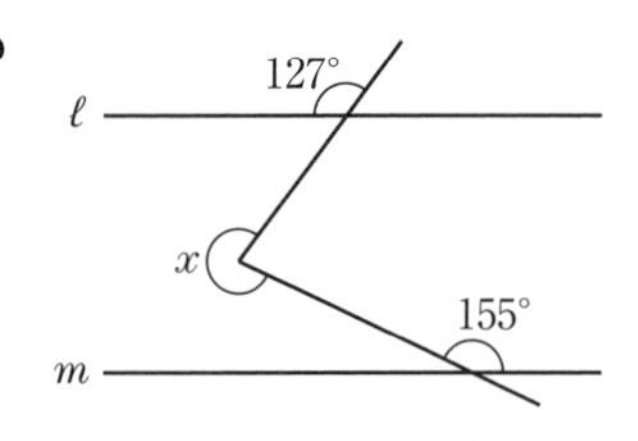

【解き方】

右の図のように，ℓ に平行な直線BFを引くと，平行線の同位角と錯角は等しいから，

$$\begin{aligned}\angle x &= \angle \mathrm{ABF} + \angle \mathrm{CBF} \\ &= \angle \mathrm{DAE} + \angle \mathrm{GCB} \\ &= 127^\circ + 155^\circ \\ &= 282^\circ\end{aligned}$$

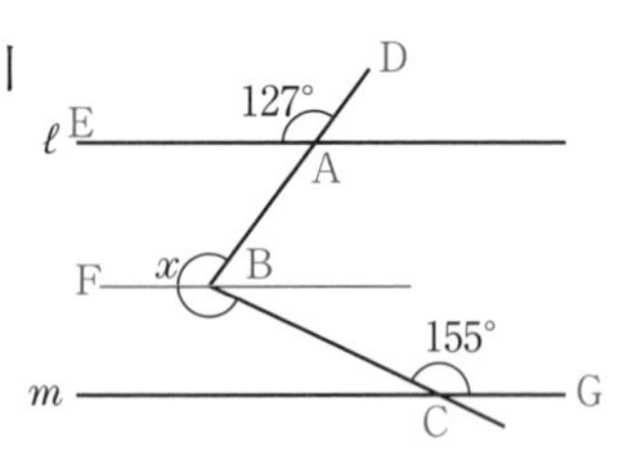

282度 解答

4 右の図で $\ell /\!/ m$ です。$\angle x$の大きさを求めなさい。

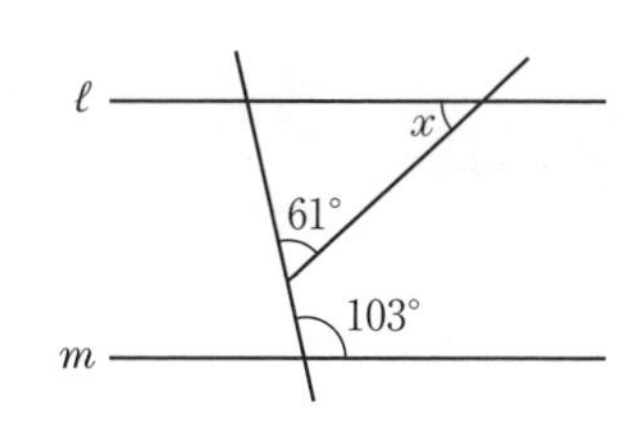

【解き方】

三角形の1つの外角の大きさは，となり合わない2つの内角の和に等しく，平行線の錯角は等しいから，

$\angle x = \angle \mathrm{EAD} - \angle \mathrm{ACB}$
$= \angle \mathrm{ADF} - \angle \mathrm{ACB}$
$= 103° - 61°$
$= 42°$

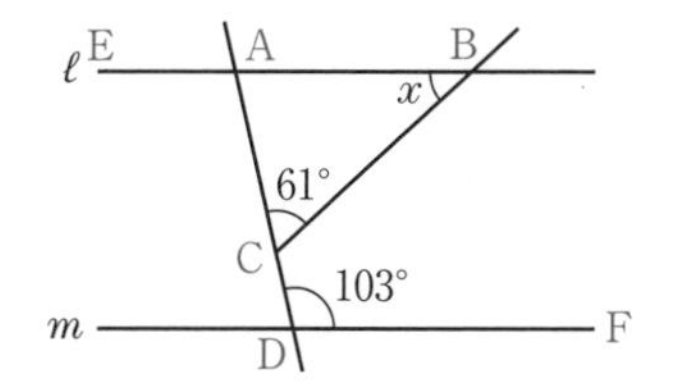

42度 解答

5 右の図の$\angle x$ の大きさを求めなさい。

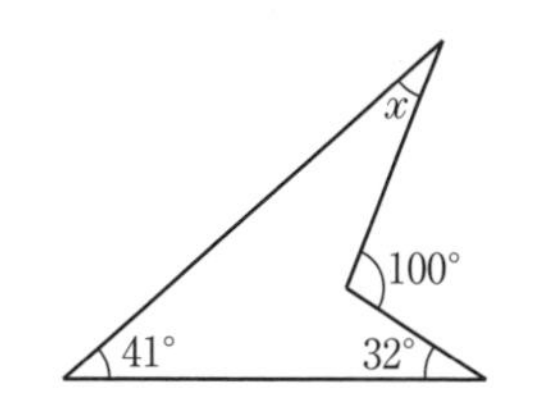

【解き方】

△EBCと△AEDのそれぞれの1つの外角の大きさは，となり合わない2つの内角の和に等しいから，

$\angle \mathrm{AEC} = \angle \mathrm{EBC} + \angle \mathrm{ECB}$
$= 41° + 32°$
$= 73°$

$\angle x = \angle \mathrm{ADC} - \angle \mathrm{AED}$
$= 100° - 73°$
$= 27°$

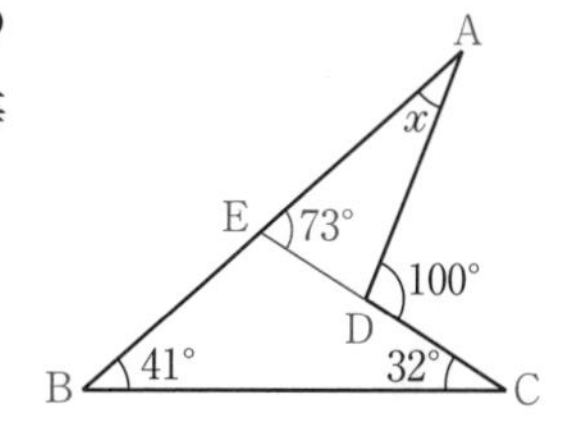

27度 解答

B 解き方と解答

問題 95〜96ページ

1 右の図で，点D，Eは，それぞれ半直線AB，AC上にあり，AB＝BC＝CD＝DEです。∠BAC＝19°のとき，∠$\boldsymbol{x}$の大きさを求めなさい。

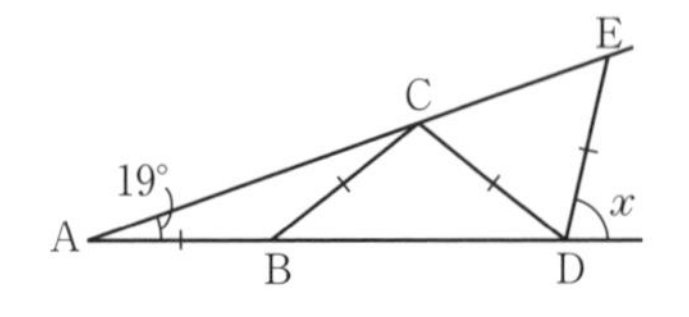

【解き方】

三角形の１つの外角の大きさは，となり合わない２つの内角の和に等しい。

△ABCは二等辺三角形だから，

∠BCA＝∠BAC＝19°

△BCDは二等辺三角形で，∠CBDは△ABCの∠ABCの外角だから，

∠CDB＝∠CBD＝19°＋19°＝38°

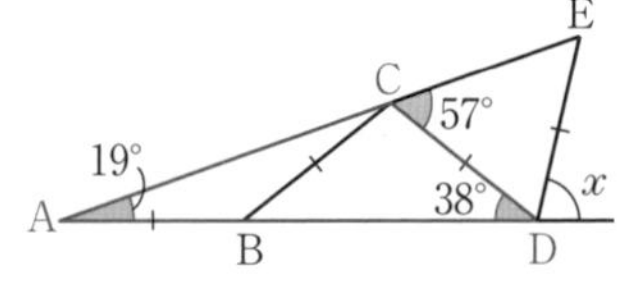

△CDEは二等辺三角形で，∠DCEは△ACDの∠ACDの外角だから，

∠DEC＝∠DCE＝19°＋38°＝57°

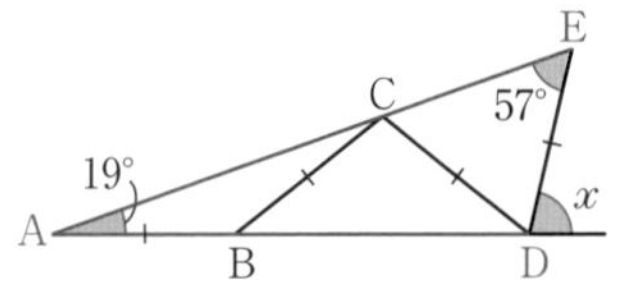

∠xは△ADEの∠ADEの外角だから，

∠x＝19°＋57°＝76°

76度 解答

2 右の図のように，４点A，B，C，Dが円Oの周上にあり，線分ACとBDの交点をEとします。∠AED＝85°，∠BAC＝58°のとき，∠$\boldsymbol{x}$の大きさを求めなさい。

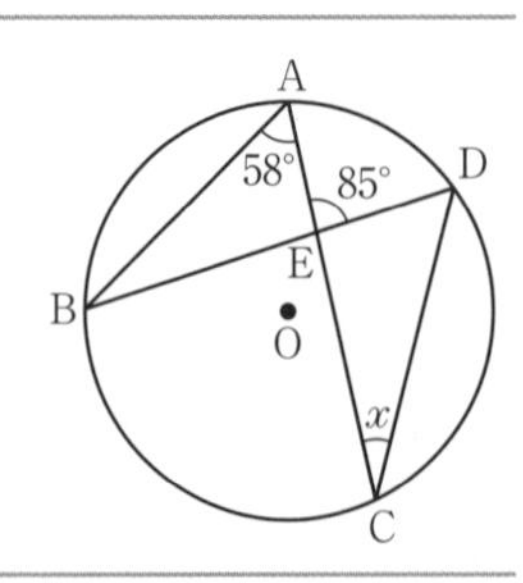

【解き方】

$\overset{\frown}{BC}$に対する円周角だから，$\angle BDC=\angle BAC=58°$

△ECDの１つの外角の大きさは，となり合わない２つの内角の和だから，

$\angle x=\angle AED-\angle EDC$

$=85°-58°=27°$

27度 

---

3 **右の図のように，３点A，B，Cが円Oの周上にあります。$\angle OBC=38°$のとき，$\angle \boldsymbol{x}$の大きさを求めなさい。**

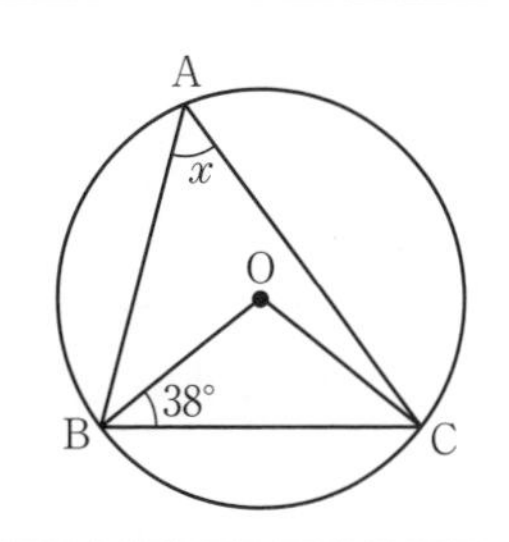

【解き方】

△OBCはOB＝OCの二等辺三角形だから，

$\angle OCB=\angle OBC=38°$

$\angle BOC=180-2\times38°=104°$

OBとOCは半径だから等しいですね。

$\angle x$は$\overset{\frown}{BC}$に対する円周角で中心角の$\angle BOC$が104°だから，

$\angle x=\dfrac{1}{2}\times104°=52°$

52度 

---

4 **右の図のように，３点A，B，Cが円Oの周上にあります。$\angle ABC=121°$のとき，$\angle \boldsymbol{x}$の大きさを求めなさい。**

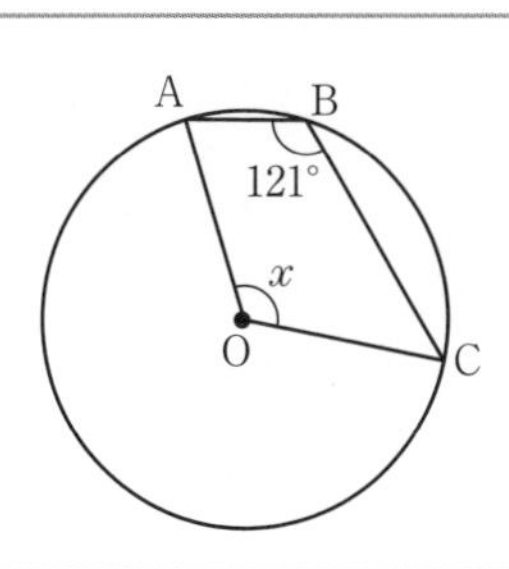

【解き方】

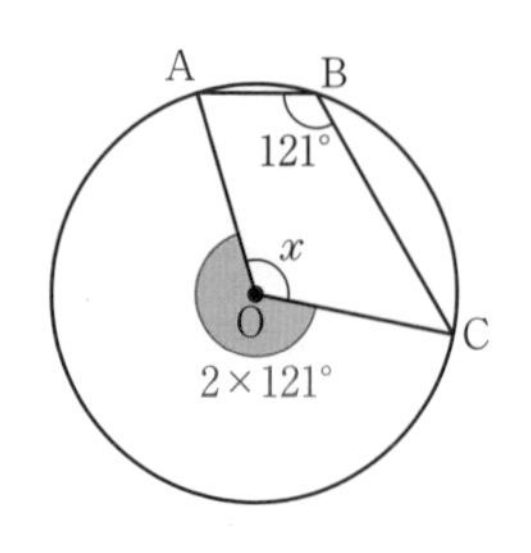

∠ABCは点Bを含まない$\overset{\frown}{AC}$に対する円周角である。$\angle x$と$\overset{\frown}{AC}$に対する中心角の和は360°だから，

$\angle x = 360° - 2 \times 121°$ ← 中心角＝2×円周角

$= 360° - 242° = 118°$

118度 解答

---

5 右の図のように，3点A，B，Cが円Oの周上にあります。∠AOC＝108°のとき，**∠x**の大きさを求めなさい。

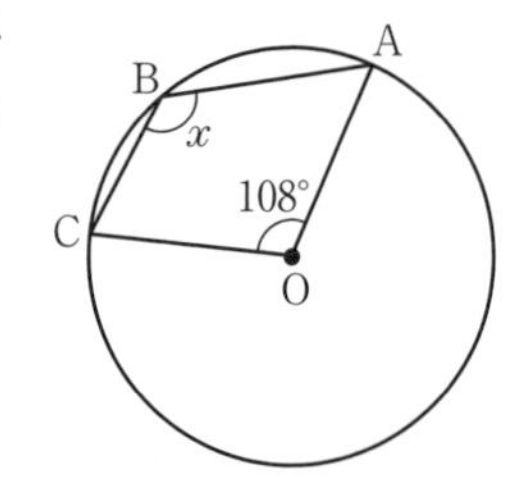

【解き方】

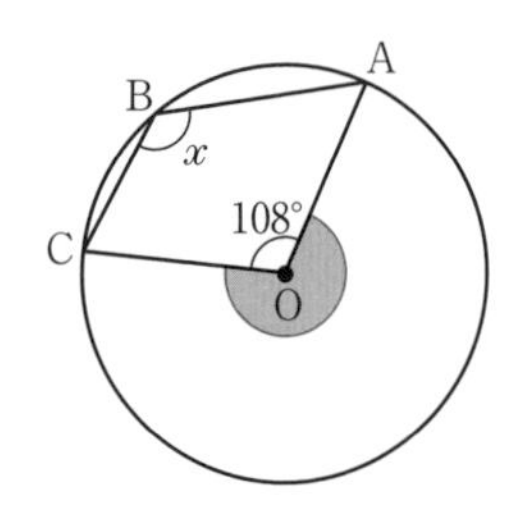

$\angle x$は，点Bを含まない$\overset{\frown}{AC}$に対する円周角で，その中心角は，

$360° - 108° = 252°$

中心角252°の$\overset{\frown}{AC}$の円周角だから，

$\angle x = \dfrac{1}{2}\angle AOC = \dfrac{1}{2} \times 252° = 126°$

126度 解答

---

6 右の図のように，3点A，B，Cが円Oの周上にあります。∠AOB＝62°，∠OBC＝60°のとき，**∠x**の大きさを求めなさい。

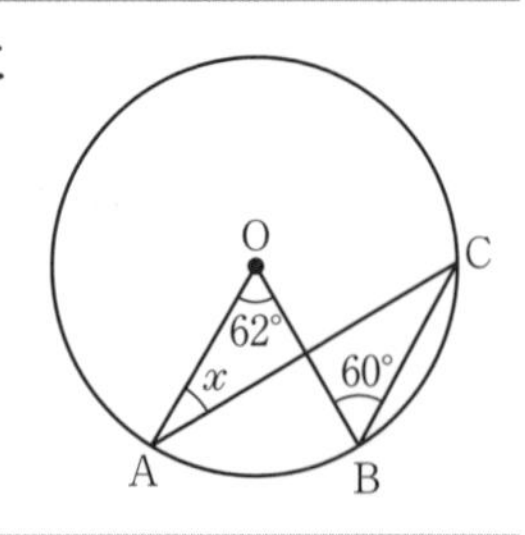

【解き方】

中心角62°の$\overset{\frown}{AB}$に対する円周角だから,

$$\angle ACB = \frac{1}{2}\angle AOB = \frac{1}{2} \times 62° = 31°$$

△OADと△BCDのそれぞれの1つの外角の大きさは，となり合わない2つの内角の和に等しいから,

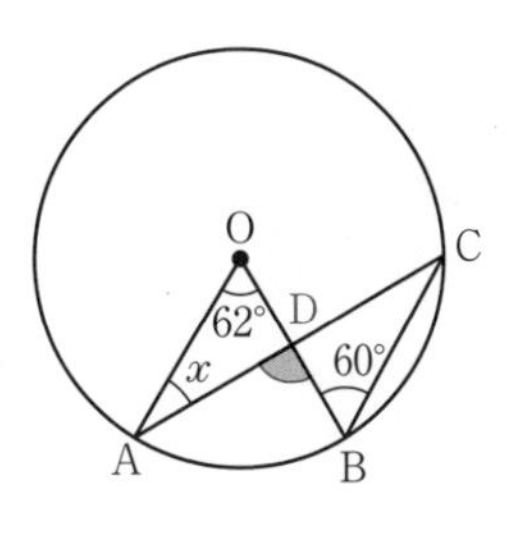

$\angle ADB = \angle AOD + \angle OAD$, $\angle BDA = \angle BCD + \angle CBD$

よって,

$62° + \angle x = 60° + 31°$

$\angle x = 60° + 31° - 62° = 29°$

29度 解答

---

7 **右の図のように，3点A，B，Cが円Oの周上にあります。∠BOC＝146°，∠ABO＝40°のとき，∠*x*の大きさを求めなさい。**

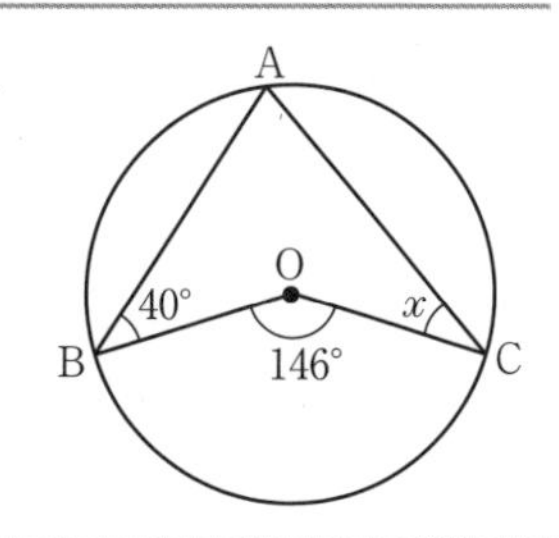

【解き方】

中心角146°の$\overset{\frown}{BC}$の円周角だから,

$$\angle BAC = \frac{1}{2}\angle BOC = \frac{1}{2} \times 146° = 73°$$

二等辺三角形の底角が等しいことを利用して解くために，半径OAをかき入れる。

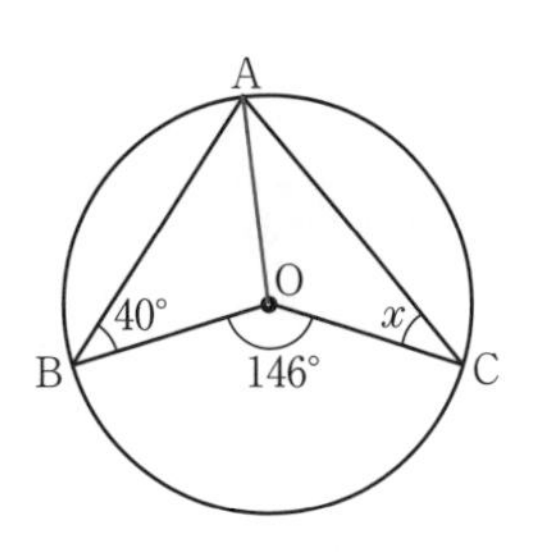

$\angle x = \angle OAC$

$= 73° - \angle OAB$

$= 73° - 40° = 33°$

33度 解答

8 データの分布

ここが出題される　個別のデータから（分布の）範囲を求める問題や，度数分布表から階級の幅を求める問題などが出題される傾向があります。個別のデータと度数分布表の関連に注目しましょう。

POINT　（分布の）範囲と度数分布表

▶（分布の）範囲と度数分布表

（分布の）範囲をもとに階級の幅を決めて，度数分布表に整理する。

例題

次のデータについて，（分布の）範囲を求め，階級の幅が5のときと6のときの，度数分布表をそれぞれつくりなさい。

3，4，5，5，9，10，11，12，14，15，17，20，23，24，27

階級	度数
0 以上～　未満	
合計	15

階級	度数
0 以上～　未満	
合計	15

解答・解説

最大値が27で最小値が3だから，（分布の）範囲は，27－3＝24

階級の幅が5と6のときの度数分布表をそれぞれつくる。

階級	度数
0 以上～ 5 未満	2
5 ～ 10	3
10 ～ 15	4
15 ～ 20	2
20 ～ 25	3
25 ～ 30	1
合計	15

階級	度数
0 以上～ 6 未満	4
6 ～ 12	3
12 ～ 18	4
18 ～ 24	2
24 ～ 30	2
合計	15

（分布の）範囲　24，度数分布表　上の表　答

A チャレンジ問題

得点

全2問

解き方と解答 106ページ

1 下のデータについて次の問いに答えなさい。

4, 5, 9, 11, 11, 12, 15, 16, 17, 17, 17, 18, 21, 22, 24, 26

(1) (分布の)範囲と最頻値を求めなさい。

(2) 階級の幅が5のときと6のときの，度数分布表をそれぞれつくりなさい。

階級	度数
0 以上～　未満	
合計	16

階級	度数
0 以上～　未満	
合計	16

B チャレンジ問題

得点

全2問

解き方と解答 107ページ

1 下のデータについて次の問いに答えなさい。

2, 6, 10, 11, 12, 13, 14, 15, 15, 19, 20, 23, 25, 26, 28, 29

(1) (分布の)範囲と中央値を求めなさい。

(2) 階級の幅が5のときと6のときの，度数分布表をそれぞれつくりなさい。

階級	度数
0 以上～　未満	
合計	16

階級	度数
0 以上～　未満	
合計	16

解き方と解答

問題 105ページ

1 下のデータについて次の問いに答えなさい。

4, 5, 9, 11, 11, 12, 15, 16, 17, 17, 17, 18, 21, 22, 24, 26

(1) (分布の)範囲と最頻値を求めなさい。

(2) 階級の幅が5のときと6のときの，度数分布表をそれぞれつくりなさい。

階級	度数
0 以上〜　　未満	
合計	16

階級	度数
0 以上〜　　未満	
合計	16

【解き方】

(1) 最大値が26で最小値が4だから，(分布の)範囲は，

$26-4=22$

もっとも多く現れたデータの値は3回の17である。

(分布の)範囲 22，最頻値 17 **解答**

(2) 階級の幅が5と6のときの度数分布表をそれぞれつくる。

階級	度数
0 以上〜 5 未満	1
5 〜 10	2
10 〜 15	3
15 〜 20	6
20 〜 25	3
25 〜 30	1
合計	16

階級	度数
0 以上〜 6 未満	2
6 〜 12	3
12 〜 18	6
18 〜 24	3
24 〜 30	2
合計	16

上の表 **解答**

B 解き方と解答

問題 105ページ

1 下のデータについて次の問いに答えなさい。

2, 6, 10, 11, 12, 13, 14, 15, 15, 19, 20, 23, 25, 26, 28, 29

(1) (分布の)範囲と中央値を求めなさい。

(2) 階級の幅が5のときと6のときの，度数分布表をそれぞれつくりなさい。

階級	度数
0 以上〜　未満	
合計	16

階級	度数
0 以上〜　未満	
合計	16

【解き方】

(1) 最大値が29で最小値が2だから，(分布の)範囲は，

$29-2=27$

16個のデータの8番目と9番目の値の平均は，

$(15+15)\div 2=15$ である。

(分布の)範囲　27，中央値　15 

(2) 階級の幅が5と6のときの度数分布表をそれぞれつくる。

階級	度数
0 以上〜 5 未満	1
5 〜 10	1
10 〜 15	5
15 〜 20	3
20 〜 25	2
25 〜 30	4
合計	16

階級	度数
0 以上〜 6 未満	1
6 〜 12	3
12 〜 18	5
18 〜 24	3
24 〜 30	4
合計	16

上の表 解答

9 確　率

ここが出題される
コインやさいころ，じゃんけんの問題などがよく出題されています。樹形図をかくなどして，考えられるすべての場合を整理して数えられるようにしましょう。

POINT　同じ出方が繰り返される場合の確率

▶確率

起こる場合が全部で n 通りあり，そのどれが起こることも同様に確からしいものとする。そのうち，ことがらAの起こる場合が a 通りであるとき，

ことがらAの起こる確率　　$p=\dfrac{a}{n}$

▶コイン，さいころ，じゃんけんの問題

コインの表裏や，さいころの目，じゃんけんの手は，同じ出方が繰り返されることに注意して，何通りあるかを確かめる。

例題

1，2，3，4の数が書かれたカードが1枚ずつあります。1回目に選んだカードの数を確認したら，そのカードをもどして，2回目に選んだカードの数を確認します。次の問いに答えなさい。

(1)　2つの数の和が4になる確率を求めなさい。

(2)　2つの数の積が素数になる確率を求めなさい。

解答・解説

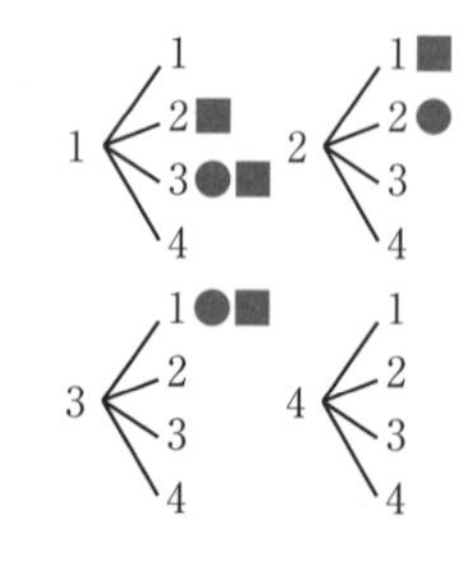

樹形図は右のようになり，選び方は16通りある。

(1)　和が4になるのは●の3通り。

求める確率は，$\dfrac{3}{16}$　答

(2)　積が素数になるのは，■の4通り。

求める確率は，$\dfrac{4}{16}=\dfrac{1}{4}$　答

A チャレンジ問題

得点　　全3問

解き方と解答 110ページ

1 コインを投げて表と裏の出方を調べます。次の問いに答えなさい。ただし，どのコインも表と裏の出方は同様に確からしいものとします。

(1) 1枚のコインを続けて2回投げるとき，表と裏が1回ずつ出る確率を求めなさい。

(2) A，B，Cの3枚のコインを1回投げるとき，表が2枚で裏が1枚出る確率を求めなさい。

(3) 3枚のコインを投げるとき，少なくとも1枚は裏が出る確率を求めなさい。

B チャレンジ問題

得点　　全6問

解き方と解答 111〜112ページ

1 2つのさいころを同時に1回振って出た目の数を調べます。次の問いに答えなさい。ただし，さいころの目は1から6までで，どの目が出ることも同様に確からしいものとします。

(1) 目の数の和が3の倍数になる確率を求めなさい。

(2) 一方の目の数がもう一方の目の数の2倍になる確率を求めなさい。

(3) 目の数の積が10以上20未満の偶数になる確率を求めなさい。

2 A, B, Cの3人でじゃんけんを1回します。次の問いに答えなさい。ただし，だれがどの手を出すことも同様に確からしいものとします。

(1) 3人が同じ手を出さないであいこになる確率を求めなさい。

(2) Aが勝ってBとCが負ける確率を求めなさい。

(3) 勝ち負けの人数にかかわらず，Aが勝つ確率を求めなさい。

A 解き方と解答

問題 109ページ

1 コインを投げて表と裏の出方を調べます。次の問いに答えなさい。ただし，どのコインも表と裏の出方は同様に確からしいものとします。

(1)　1枚のコインを続けて2回投げるとき，表と裏が1回ずつ出る確率を求めなさい。

(2)　A，B，Cの3枚のコインを1回投げるとき，表が2枚で裏が1枚出る確率を求めなさい。

(3)　3枚のコインを投げるとき，少なくとも1枚は裏が出る確率を求めなさい。

【解き方】

(1)　1回目と2回目の表と裏の出方の樹形図は，右のようになる。表と裏が1回ずつ出るのは，(表，裏)と(裏，表)の2通りだから，求める確率は，

$\frac{2}{4}=\frac{1}{2}$

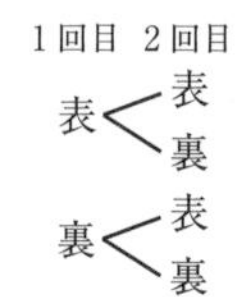

$\frac{1}{2}$ 解答

(2)　A，B，Cの表と裏の出方の樹形図は，右のようになる。表が2枚で裏が1枚出るのは，(表，表，裏)と(表，裏，表)と(裏，表，表)の3通りだから，求める確率は，$\frac{3}{8}$

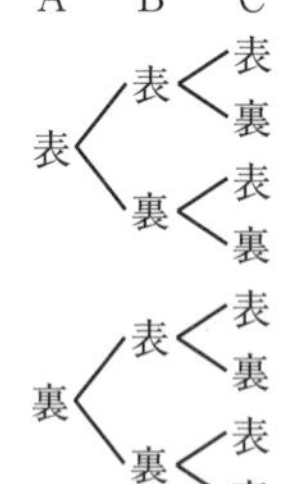

(3)　3枚のコインを，A，B，Cと区別して考えると，表と裏の出方の樹形図は，(2)と同様になる。「少なくとも1枚は裏が出る」のは，「3枚すべて表が出る」ではない場合である。3枚すべて表が出るのは(表，表，表)の1通りだけだから，求める確率は，

$1-\frac{1}{8}=\frac{7}{8}$

$\frac{7}{8}$ 解答

解き方と解答

問題 109ページ

1 **2つのさいころを同時に1回振って出た目の数を調べます。次の問いに答えなさい。ただし，さいころの目は1から6までで，どの目が出ることも同様に確からしいものとします。**

(1)　目の数の和が3の倍数になる確率を求めなさい。

(2)　一方の目の数がもう一方の目の数の2倍になる確率を求めなさい。

(3)　目の数の積が10以上20未満の偶数になる確率を求めなさい。

【解き方】

2つのさいころを，A，Bと区別して考えると，目の出方は36通りある。

(1)　目の数の和が3の倍数になるのは，和が3のときの(1，2)，(2，1)，和が6のときの(1，5)，(2，4)，(3，3)，(4，2)，(5，1)，和が9のときの(3，6)，(4，5)，(5，4)，(6，3)，和が12のときの(6，6)の12通りある。求める確率は，

$\frac{12}{36}=\frac{1}{3}$　　$\frac{1}{3}$ **解答**

(2)　一方の目の数がもう一方の目の数の2倍になるのは，(1，2)，(2，1)，(2，4)，(3，6)，(4，2)，(6，3)の6通りある。求める確率は，

$\frac{6}{36}=\frac{1}{6}$　　$\frac{1}{6}$ **解答**

(3)　目の数の積が10以上20未満の偶数になるのは右の表より9通りだから，求める確率は，

$\frac{9}{36}=\frac{1}{4}$　　$\frac{1}{4}$ **解答**

A＼B	1	2	3	4	5	6
1	1	2	3	4	5	6
2	2	4	6	8	⑩	⑫
3	3	6	9	⑫	15	⑱
4	4	8	⑫	⑯	20	24
5	5	⑩	15	20	25	30
6	6	⑫	⑱	24	30	36

2 A，B，Cの３人でじゃんけんを１回します。次の問いに答えなさい。ただし，だれがどの手を出すことも同様に確からしいものとします。

(1)　３人が同じ手を出さないであいこになる確率を求めなさい。

(2)　Aが勝ってBとCが負ける確率を求めなさい。

(3)　勝ち負けの人数にかかわらず，Aが勝つ確率を求めなさい。

【解き方】

AとBとCが１回じゃんけんをするときの３人の手の出し方の樹形図は下のようになる。ただし，グー，チョキ，パーをそれぞれ, G, T, Pで表す。

A	B	C
G	G	G, T, P
	T	G, T, P
	P	G, T, P
T	G	G, T, P
	T	G, T, P
	P	G, T, P
P	G	G, T, P
	T	G, T, P
	P	G, T, P

３人の手の出し方は 27 通りある。

(1)　３人が同じ手を出さないであいこになるのは, (G, T, P), (G, P, T), (T, G, P)，(T, P, G)，(P, G, T)，(P, T, G)の６通りだから，

求める確率は，$\frac{6}{27}=\frac{2}{9}$　　　$\frac{2}{9}$ **解答**

(2)　Aが勝ってBとCが負けるのは，(G, T, T)，(T, P, P)，(P, G, G)の３通りだから，求める確率は，$\frac{3}{27}=\frac{1}{9}$　　　$\frac{1}{9}$ **解答**

(3)　Aが勝つのは(2)の場合以外に，AとBが勝ってCが負ける場合（…①)と，AとCが勝ってBが負ける場合(…②)がある。

①は，(G, G, T)，(T, T, P)，(P, P, G)の３通り。

②は，(G, T, G)，(T, P, T)，(P, G, P)の３通り。

勝ち負けの人数にかかわらず, Aが勝つのは合計で９通りだから，

求める確率は，$\frac{9}{27}=\frac{1}{3}$　　　$\frac{1}{3}$ **解答**

数理技能検定(2次)対策

この章の内容

数理技能検定（2次）は応用力をみる検定です。
解答用紙に解答だけを記入する形式ですが，一部，記述式の問題や作図が出題される場合もあります。

文字式

ここが出題される

文字式を利用して，数についてのいろいろな性質を説明する問題が出題されます。与えられた条件を文字式で表し，説明できるようにしましょう。

POINT 1　1つの文字で説明する

▶連続する数はそれぞれの数に関連があるので，1つの文字で式をつくる。

・連続する整数→n，$n+1$，$n+2$，$n+3$，…

・連続する偶数→$2n$，$2n+2$，$2n+4$，$2n+6$，…

・連続する奇数→$2n+1$，$2n+3$，$2n+5$，…

・連続する3の倍数→$3n$，$3n+3$，$3n+6$，$3n+9$，…

aの倍数であることの説明

計算結果が，$a\times$(整数)の形になるよう に変形します。

例題1

連続する4つの偶数の和は4の倍数であることを，nの式で説明しなさい。

解答・解説

nを整数とすると，連続する4つの偶数は，$2n$，$2n+2$，$2n+4$，$2n+6$と表せる。このとき，連続する4つの偶数の和は，

$$\begin{aligned}2n+(2n+2)+(2n+4)+(2n+6)&=8n+12\\&=4(2n+3)\end{aligned}$$

$2n+3$は整数だから，$4(2n+3)$は4の倍数である。

よって，連続する4つの偶数の和は4の倍数である。　答

POINT 2 複数の文字で説明する

▶関連のない数を式で表すときは，別の文字を使って式をつくる。

・「偶数と偶数の和」→$2m$ と $2n$→$2m+2n$

・「2けたの整数」→十の位の数 a と一の位の数 b →$10a+b$

例題 2

4でわると2余る数と4でわると3余る数の積を4でわるときの余りは2であることを，m と n の式で説明しなさい。

考え方 2つの数の間には，「和や差が一定である」や「比が一定である」というような関連がないから，m，n のように，別の文字で式をつくる。

解答・解説

m，nを整数とすると，4でわると2余る数は $4m+2$，4でわると3余る数は $4n+3$ と表せる。このとき，2つの数の積は，

$$(4m+2)(4n+3)=16mn+12m+8n+6$$
$$=16mn+12m+8n+4+2$$
$$=4(4mn+3m+2n+1)+2$$

$4mn+3m+2n+1$ は整数だから，$4(4mn+3m+2n+1)+2$ は4でわると2余る。

よって，4でわると2余る数と4でわると3余る数の積を4でわるときの余りは2である。 答

説明の書き方

① 説明に使う文字と式についての説明を書く。

② 結論「～は…である」の主語に続けて，式を組み立てる。

③ 計算で結論を導く。

④ 改めて結論を示して，説明を終える。

※ qでわるとr余る数 → $q(\quad)+r$と表す。(　)の中の式が商である。

(例) $23\div4=5\cdots3$ → $23=4\times5+3$

A チャレンジ問題

得点　全 2 問

解き方と解答 117ページ

1 3つの正の整数があります。中央の数はもっとも小さい数の2倍より3大きく，もっとも大きい数はもっとも小さい数に7を加えて3倍した数です。これら3つの整数の和は6の倍数であることを，n の式で説明しなさい。

2 9でわって5余る数と3でわって2余る数の和を3でわるときの余りは1であることを，m と n の式で説明しなさい。

B チャレンジ問題

得点　全 4 問

解き方と解答 118～119ページ

1 奇数と奇数の積は奇数であることを，m と n の式で表しなさい。

2 奇数の2乗と偶数の2乗の和に11を加えた数は4の倍数であることを，m と n の式で表しなさい。

3 右のカレンダーのように，4つの日付が長方形の中に入るようにします。左上の日付の数を n とするとき，次の問いに答えなさい。

日	月	火	水	木	金	土
					1	2
3	4	5	6	7	8	9
10	11	12	13	14	15	16
17	18	19	20	21	22	23
24	25	26	27	28	29	30

(1) 右上の日付の数と左下の日付の数の積から n と右下の日付の数の積をひくと7になることを n の式で説明しなさい。

(2) n の2乗と右下の日付の数の2乗の和から右上の日付の数の2乗と左下の日付の数の2乗の和をひくと14になることを n の式で説明しなさい。

解き方と解答

116ページ

1 **3つの正の整数があります。中央の数はもっとも小さい数の2倍より3大きく，もっとも大きい数はもっとも小さい数に7を加えて3倍した数です。これら3つの整数の和は6の倍数であることを，nの式で説明しなさい。**

【解き方】

nをもっとも小さい数とすると，中央の数は$2n+3$，もっとも大きい数は$3(n+7)$と表せる。このとき，これら3つの整数の和は，

$$n+(2n+3)+3(n+7)=n+2n+3+3n+21=6n+24$$
$$=6(n+4)$$

$n+4$は整数だから，$6(n+4)$は6の倍数である。

よって，中央の数がもっとも小さい数の2倍より3大きく，もっとも大きい数がもっとも小さい数に7を加えて3倍した数である3つの整数の和は6の倍数になる。 解答

2 **9でわって5余る数と3でわって2余る数の和を3でわるときの余りは1であることを，mとnの式で説明しなさい。**

【解き方】

m，nを整数とすると，9でわって5余る数は$9m+5$，3でわって2余る数は$3n+2$と表せる。このとき，これら2つの数の和は，

$$(9m+5)+(3n+2)=9m+3n+7=9m+3n+6+1$$
$$=3(3m+n+2)+1$$

$3m+n+2$は整数だから，$3(3m+n+2)+1$は3でわると1余る数である。

よって，9でわって5余る数と3でわって2余る数の和を3でわるときの余りは1である。 解答

B 解き方と解答

問題 116ページ

1 奇数と奇数の積は奇数であることを，m と n の式で表しなさい。

【解き方】

m，n を整数とすると，2つの奇数を $2m+1$，$2n+1$ と表せる。このとき，奇数と奇数の積は

$$(2m+1)(2n+1)=4mn+2m+2n+1$$
$$=2(2mn+m+n)+1$$

$2mn+m+n$は整数だから，$2(2mn+m+n)+1$は奇数である。

よって，奇数と奇数の積は奇数である。 **解答**

奇数であることを説明するときは，
2(　)＋1の形式で計算を終えよう。

2 奇数の2乗と偶数の2乗の和に11を加えた数は4の倍数であることを，m と n の式で表しなさい。

【解き方】

m，n を整数とすると，奇数を $2m+1$，偶数を $2n$ と表せる。このとき，奇数の2乗と偶数の2乗の和に11を加えた数は

$$(2m+1)^2+(2n)^2+11=4m^2+4m+1+4n^2+11$$
$$=4m^2+4m+4n^2+12$$
$$=4(m^2+m+n^2+3)$$

m^2+m+n^2+3は整数だから，$4(m^2+m+n^2+3)$は4の倍数である。

よって，奇数の2乗と偶数の2乗の和に11を加えた数は4の倍数である。 **解答**

式の展開を正しく計算しよう。

3 **右のカレンダーのように，4つの日付が長方形の中に入るようにします。左上の日付の数を n とするとき，次の問いに答えなさい。**

日	月	火	水	木	金	土
					1	2
3	4	5	6	7	8	9
10	11	12	13	14	15	16
17	18	19	20	21	22	23
24	25	26	27	28	29	30

(1)　右上の日付の数と左下の日付の数の積から n と右下の日付の数の積をひくと7になることを n の式で説明しなさい。

(2)　n の2乗と右下の日付の数の2乗の和から右上の日付の数の2乗と左下の日付の数の2乗の和をひくと14になることを n の式で説明しなさい。

【解き方】

右上の日付の数は $n+1$，左下の日付の数は $n+7$，右下の日付の数は $n+8$ と表せる。

(1)　右上の日付の数と左下の日付の数の積から n と右下の日付の数の積をひいた数は，

$$(n+1)(n+7)-n(n+8)=n^2+8n+7-n^2-8n$$
$$=7$$

よって，右上の日付の数と左下の日付の数の積から n と右下の日付の数の積をひくと7になる。 解答

(2)　nの2乗と右下の日付の数の2乗の和から右上の日付の数の2乗と左下の日付の数の2乗の和をひいた数は，

$$n^2+(n+8)^2-\{(n+1)^2+(n+7)^2\}$$
$$=n^2+n^2+16n+64-(n^2+2n+1+n^2+14n+49)$$
$$=2n^2+16n+64-(2n^2+16n+50)$$
$$=2n^2+16n+64-2n^2-16n-50$$
$$=14$$

よって，n の2乗と右下の日付の数の2乗の和から右上の日付の数の2乗と左下の日付の数の2乗の和をひくと14になる。 解答

2 方程式

ここが出題される

1次方程式や連立方程式，2次方程式の形式で文章題が出題されます。文章で与えられた数量の関係を式に表すことや，解が問題に合うか合わないかの確認がポイントです。

POINT　文章題

▶数量の関係

①速さの関係 … **速さ＝距離÷時間**

②金額の関係 … **代金＝単価×個数**

▶方程式の解は，問題に合うか合わないかを，必ず確認すること。

▶2次方程式は因数分解をマスター！

$x^2+ax+b=0$ ⇨ $(x-\alpha)(x-\beta)=0$

と因数分解できたら，この2次方程式の解は

$x=\alpha$，$x=\beta$

例題

たいちさんは，おばあさんの家に遊びに行きました。最初に2km離れた駅まで30分かけて歩き，時速120kmの電車に乗り，その後すぐに，時速60kmのバスを乗り継いで，目的地に2時間40分かけて到着しました。すべての移動距離は222kmでした。

電車で移動した距離を x km，バスで移動した距離を y kmとして，次の問いに答えなさい。

(1) x，y を求めるための連立方程式をつくりなさい。

(2) 電車での移動距離とバスでの移動距離はそれぞれ何kmですか。単位をつけて答えなさい。

解答・解説

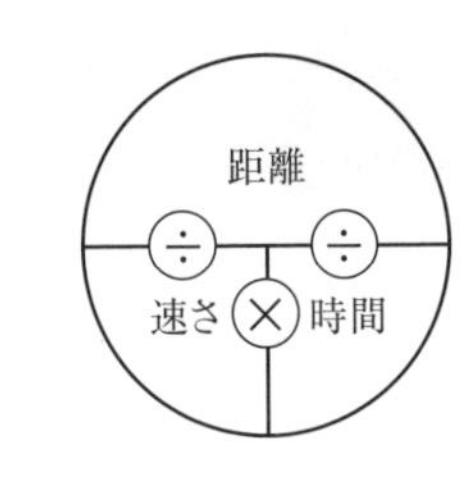

(1)　速さに関する問題は，まず右の図の「は(速さ)・じ(時間)・き(距離)」の関係を覚えること。

速さ＝距離÷時間

時間＝距離÷速さ

距離＝速さ×時間

x，y を使って，距離に関する式をつくる。

まず，徒歩，電車，バスのすべての移動距離は 222km より，

$2+x+y=222$，$x+y=220$

次に，時間に関する式をつくる。(時間)＝(距離)÷(速さ)なので，歩いた時間は30分 $\left(\frac{1}{2}\text{時間}\right)$，電車で移動した時間は $\frac{x}{120}$ 時間，バスでの移動時間は $\frac{y}{60}$ 時間。移動時間の合計が 2 時間40分 $\left(\frac{8}{3}\text{時間}\right)$ なので，

$$\frac{1}{2}+\frac{x}{120}+\frac{y}{60}=\frac{8}{3}$$

$\frac{1}{2}$ を移項する。

$$\frac{x}{120}+\frac{y}{60}=\frac{13}{6}$$

以上より，求める連立方程式は，

$$\begin{cases} x+y=220 & \cdots① \\ \dfrac{x}{120}+\dfrac{y}{60}=\dfrac{13}{6} & \cdots② \end{cases}$$ 答

(2)　(1)の連立方程式において，②×120より，$x+2y=260$ …②′

②′－①より，x を消去して，

$y=40$

これを①に代入して，

$x+40=220$

$x=180$

単位のつけ忘れに気をつけましょう。

これらの解は問題に合うので，電車での移動距離　180km

バスでの移動距離　40km

答

A チャレンジ問題

得点　　全7問

解き方と解答　124～126ページ

1 もとき君は，毎日分速70mの速さで歩いて中学校に通っています。高校生のお姉さんは，毎日列車で通学するために，分速210mの速さで駅まで自転車で向かいます。家から駅までの道のりは，家から中学校までの道のりより980m長く，もとき君は，お姉さんが自転車に乗っている時間よりも，12分長く歩きます。次の問いに答えなさい。

(1)　家から中学校までの道のりをxmとして，家から駅までの道のりを，xを用いて表しなさい。

(2)　家から中学校までの道のりを求めなさい。

(3)　家から駅までの道のりと，お姉さんが自転車に乗っている時間を，それぞれ求めなさい。

2 めぐみさんは，花屋でバラを3本とカーネーションを2本買い，1140円払いました。まさしさんは，同じ店で，バラを4本とカーネーションを3本買い，1560円払いました。次の問いに答えなさい。

(1)　バラを1本x円，カーネーションを1本y円として，xとyを求める連立方程式をつくりなさい。

(2)　バラとカーネーションは，それぞれ1本いくらですか。

3 縦の長さが6cm，横の長さが8cmの長方形をAとします。長方形Aの縦の長さを$2x$ cm，横の長さをx cm，それぞれ長くした長方形をBとします。次の問いに答えなさい。

(1)　長方形Bの面積をxを用いた式で表し，展開した形で答えなさい。

(2)　長方形Bの面積が長方形Aの面積よりも120cm^{2}大きいとき，xの値を求めなさい。

B チャレンジ問題

得点　　全6問

解き方と解答 127〜129ページ

過去 **1** 2つの整数x，yがあります。xはyの6倍と133との和に等しく，xから5をひいた数は，yに88を加えて5倍した数に等しくなります。次の問いに答えなさい。

(1) x，yを求めるための連立方程式をつくりなさい。

(2) 2つの整数x，yをそれぞれ求めなさい。

2 あるケーキ店が，生クリームとチョコクリームのショートケーキを4個セットで販売しました。生クリーム3個とチョコクリーム1個のAセット，それぞれ2個ずつのBセット，生クリーム1個とチョコクリーム3個のCセットを準備したところ，この日売れたショートケーキは，生クリームが94個で，チョコクリームが102個でした。次の問いに答えなさい。

(1) Cセットの売れた数がBセットより5セット少なかったとき，Aセットがxセット，Bセットがyセット売れたとして，この日売れた生クリームのショートケーキの数を，xとyを用いて表しなさい。

(2) この日売れたA，B，Cのセットの数を，それぞれ求めなさい。

3 ある連続する2つの自然数について，2つの数の積から2つの数の和をひいた数が71のとき，次の問いに答えなさい。

(1) 小さいほうの自然数をxとして，2つの数の積から2つの数の和をひいた数を，xを用いた式で表し，展開して同類項を整理した形で答えなさい。

(2) 2つの自然数を求めなさい。

A 解き方と解答

1 もとき君は，毎日分速70mの速さで歩いて中学校に通っています。高校生のお姉さんは，毎日列車で通学するために，分速210mの速さで駅まで自転車で向かいます。家から駅までの道のりは，家から中学校までの道のりより980m長く，もとき君は，お姉さんが自転車に乗っている時間よりも，12分長く歩きます。次の問いに答えなさい。

(1)　家から中学校までの道のりを x mとして，家から駅までの道のりを，x を用いて表しなさい。

(2)　家から中学校までの道のりを求めなさい。

(3)　家から駅までの道のりと，お姉さんが自転車に乗っている時間を，それぞれ求めなさい。

【解き方】

(1)　問題の条件をまとめたものが，右の表である。求める道のりは，

$x+980$ (m)

	道のり(m)	速さ
もとき君	x	分速70m
お姉さん	$x+980$	分速210m

条件を表にまとめて整理しよう。

$x+980$ (m) **解答**

(2)　時間＝道のり÷速さなので，2人が進むのにかかった時間の関係についての方程式をつくると，もとき君が進んだ時間のほうが12分長いから，

$$\frac{x}{70}=\frac{x+980}{210}+12$$

両辺を210倍して分母をはらうと，

$$210\times\frac{x}{70}=210\times\frac{x+980}{210}+210\times12$$

$$3x=x+980+2520$$

$$2x=3500 \quad x=1750 \text{ (m)}$$

この解は問題に合う。

1750m **解答**

(3)　(2)より，家から駅までの道のりは，

$$1750+980=2730(\text{m})$$

お姉さんが自転車に乗っている時間は，

$$\frac{2730}{210}=13(\text{分})$$

2730m，13分 解答

---

2 **めぐみさんは，花屋でバラを 3 本とカーネーションを 2 本買い，1140円払いました。まさしさんは，同じ店で，バラを 4 本とカーネーションを 3 本買い，1560円払いました。次の問いに答えなさい。**

(1)　バラを 1 本 x 円，カーネーションを 1 本 y 円として，x と y を求める連立方程式をつくりなさい。

(2)　バラとカーネーションは，それぞれ 1 本いくらですか。

【解き方】

(1)　めぐみさんが払った代金について方程式をつくると，

$$\underbrace{3x}_{\text{バラの値段}}+\underbrace{2y}_{\text{カーネーションの値段}}=1140 \cdots ①$$

同様にまさしさんは，

$$4x+3y=1560 \cdots ②$$

よって，求める連立方程式は，

$$\begin{cases}3x+2y=1140\\4x+3y=1560\end{cases}$$

$\begin{cases}\boldsymbol{3x+2y=1140}\\\boldsymbol{4x+3y=1560}\end{cases}$ 解答

(2)　(1)の連立方程式において，①×3−②×2 より，

ここでは，加減法を利用するんですね。

$$\begin{array}{rr} & 9x+6y=3420\\ -) & 8x+6y=3120\\ \hline & x=300\end{array}$$

← y を消去する。

これを①に代入して，

$$900+2y=1140$$

900 を右辺へ移項する。

$$2y=240$$

両辺を 2 でわる。

$$y=120$$

これらの解は問題に合う。

バラ　300円
カーネーション　120円 

数理技能検定(2次)対策

3 縦の長さが6cm，横の長さが8cmの長方形をAとします。長方形Aの縦の長さを$2x$ cm，横の長さをx cm，それぞれ長くした長方形をBとします。次の問いに答えなさい。

(1)　長方形Bの面積をxを用いた式で表し，展開した形で答えなさい。

(2)　長方形Bの面積が長方形Aの面積よりも120cm^{2}大きいとき，xの値を求めなさい。

【解き方】

(1)　長方形Bは，縦の長さが$(6+2x)$cm，横の長さが$(8+x)$cmである。面積は，

$$(6+2x)(8+x)=48+6x+16x+2x^2$$
$$=2x^2+22x+48(\text{cm}^2)$$

$2x^2+22x+48$ (cm^2) 解答

(2)　長方形Bの面積が長方形Aの面積より120cm^{2}大きいから，

$$2x^2+22x+48=6\times8+120$$
$$2x^2+22x-120=0$$

両辺を2でわって，

$$x^2+11x-60=0$$
$$(x-4)(x+15)=0$$

$x-4=0$ または $x+15=0$

$$x=4,\ x=-15$$

xは長さを表す値だから，xは正の数である。

$x=4$は問題に合うが，$x=-15$は問題に合わない。

よって，$x=4$

$x=4$ 解答

解き方と解答

 問題 123ページ

1 **2つの整数 x, y があります。x は y の6倍と133との和に等しく，x から5をひいた数は，y に88を加えて5倍した数に等しくなります。次の問いに答えなさい。**

(1)　x, y を求めるための連立方程式をつくりなさい。

(2)　2つの整数 x, y をそれぞれ求めなさい。

【解き方】

(1)　x は y の6倍と133との和に等しいので，

$x=6y+133$ …①

次に，x から5をひいた数は，y に88を加えて5倍した数に等しいので，

$x-5=5(y+88)$ …②

これより，$\begin{cases} x=6y+133 \\ x-5=5(y+88) \end{cases}$

$\begin{cases} x=6y+133 \\ x-5=5(y+88) \end{cases}$ 解答

(2)　(1)の①，②を整理すると，

$x-6y=133$ …①′

$x-5y=445$ …②′

①′－②′より，x を消去して，

$-y=-312$

$y=312$

これを①′に代入して，

$x-6\times312=133$

$x=133+1872$

$=2005$

これらの解は問題に合う。

$x=2005$, $y=312$  解答

2 あるケーキ店が，生クリームとチョコクリームのショートケーキを4個セットで販売しました。生クリーム3個とチョコクリーム1個のAセット，それぞれ2個ずつのBセット，生クリーム1個とチョコクリーム3個のCセットを準備したところ，この日売れたショートケーキは，生クリームが94個で，チョコクリームが102個でした。次の問いに答えなさい。

(1) Cセットの売れた数がBセットより5セット少なかったとき，Aセットがxセット，Bセットがyセット売れたとして，この日売れた生クリームのショートケーキの数を，xとyを用いて表しなさい。

(2) この日売れたA，B，Cのセットの数を，それぞれ求めなさい。

【解き方】

(1) 3種類のセットと売れたショートケーキの数をまとめると，下の表となる。

	Aセット	Bセット	Cセット
生クリーム(個)	$3x$	$2y$	$(y-5)$
チョコクリーム(個)	x	$2y$	$3(y-5)$

売れた生クリームのショートケーキの数の合計は，

$3x+2y+(y-5)=3x+3y-5$(個)　　**$3x+3y-5$個** 解答

(2) 売れたチョコクリームのショートケーキの数の合計は，

$x+2y+3(y-5)=x+2y+3y-15=x+5y-15$

それぞれのショートケーキの数で連立方程式をつくると，

$$\begin{cases} 3x+3y-5=94 \cdots ① \\ x+5y-15=102 \cdots ② \end{cases}$$

①より，$3x+3y=99 \cdots ①'$

②より，$x+5y=117 \cdots ②'$

②′−①′÷3より，xを消去して，$4y=84$　$y=21$

①′÷3に代入して，$x+21=33$　$x=12$

Cセットの数は，$y-5=21-5=16$

これらの解は問題に合う。

Aセット12セット，Bセット21セット，Cセット16セット 解答

3 **ある連続する2つの自然数について，2つの数の積から2つの数の和をひいた数が71のとき，次の問いに答えなさい。**

(1)　小さいほうの自然数を $\boldsymbol{x}$ として，2つの数の積から2つの数の和をひいた数を，$\boldsymbol{x}$ を用いた式で表し，展開して同類項を整理した形で答えなさい。

(2)　2つの自然数を求めなさい。

【解き方】

(1)　大きいほうの自然数は $x+1$ と表せるから，

2つの数の積は，

$$x(x+1)=x^2+x$$

2つの数の和は，

$$x+(x+1)=2x+1$$

2つの数の積から2つの数の和をひいた数は，

$$(x^2+x)-(2x+1)=x^2-x-1$$

$\boldsymbol{x^2-x-1}$　解答

(2)　2つの数の積から2つの数の和をひいた数が71だから，

$$x^2-x-1=71$$
$$x^2-x-72=0$$
$$(x+8)(x-9)=0$$
$$x=-8,\ 9$$

x は自然数なので，$x=9$ は問題に合うが，$x=-8$ は問題に合わない。

大きいほうの自然数は，

$$x+1=9+1=10$$

よって，2つの自然数は9と10

9と10　解答

3 関　数

ここが出題される

関数の問題では，グラフを扱ったものが多く出題されます。式とグラフを関連づけて考えられるようにしましょう。また，表や文章から関係を式に表す問題なども出題されています。

POINT 関数のまとめ

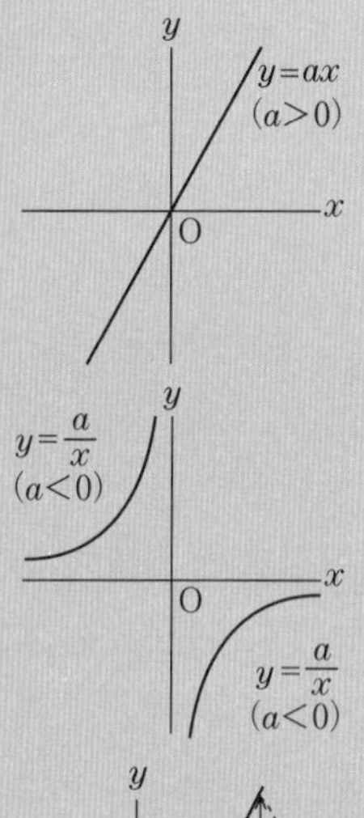

▶比例 $y=ax$ のグラフ

・原点を通る直線

・$a>0$ で右上がり，$a<0$ で右下がり

▶反比例 $y=\frac{a}{x}$ のグラフ

・双曲線とよばれる曲線

・$a>0$ で右上と左下に現れ，
　$a<0$ で左上と右下に現れる

▶変化の割合

・**変化の割合＝$\frac{y\text{の増加量}}{x\text{の増加量}}$**

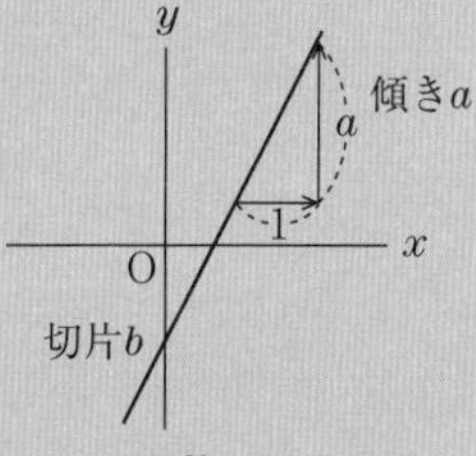

▶1次関数 $y=ax+b$ のグラフ

・直線 $y=ax$ に平行で，点$(0,\ b)$を通る直線

・a を傾きといい，b を切片という
　変化の割合が一定で，傾き a に等しい

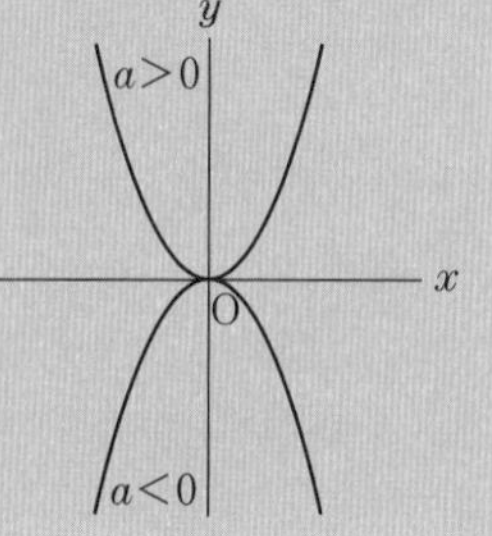

▶関数 $y=ax^2$ のグラフ

・原点を頂点とする放物線

・y 軸について対称となる

・$a>0$ で上に開き，$a<0$ で下に開く

・a の絶対値が大きいほど，開き方は小さい

▶中点の座標

2点A(x_1, y_1), B(x_2, y_2)の中点Pの座標は,

$$P\left(\frac{x_1+x_2}{2},\ \frac{y_1+y_2}{2}\right)$$

例

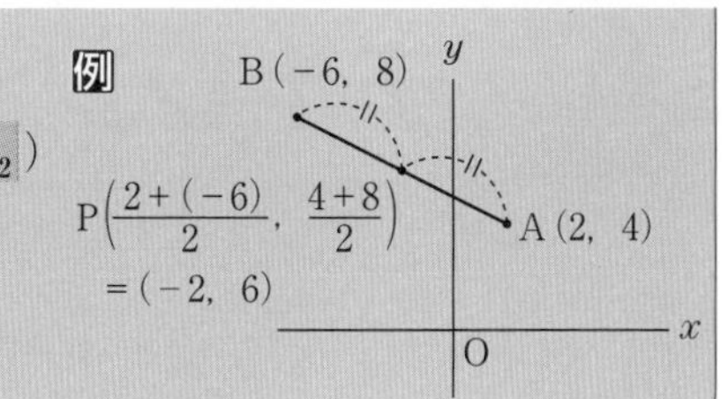

例題

右の図について,①は比例,②は反比例のグラフです。次の問いに答えなさい。

(1) ①が点(2, 4)を通るとき,このグラフの式を求めなさい。

(2) ②が点(−2, 3)を通るとき,このグラフの式を求めなさい。

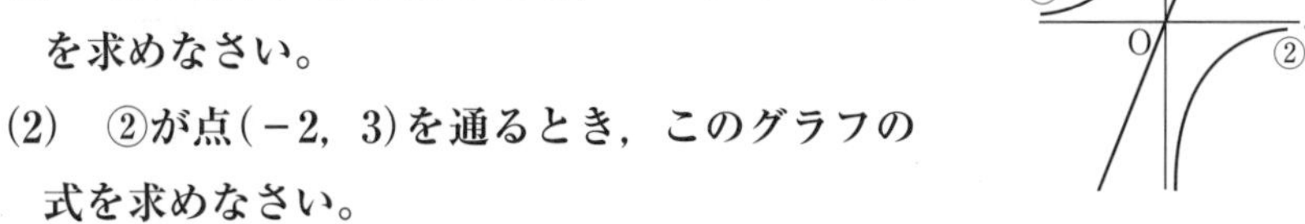

(3) (1)で求めた式で,xの変域が$-3 \leqq x \leqq 3$のとき,yの変域を求めなさい。

解答・解説

(1) ①は比例のグラフなので,求める式は$y=ax$ (aは比例定数)と表せる。点(2, 4)を通るので,$y=ax$に$x=2$, $y=4$を代入する。

$4=2a$　　$a=2$　　　　$y=2x$ 答

(2) ②は反比例のグラフなので,求める式は$y=\frac{b}{x}$ (bは比例定数)と表せる。点(−2, 3)を通るので,$y=\frac{b}{x}$に$x=-2$, $y=3$を代入する。

$3=\frac{b}{-2}$ → $b=-6$　　　　$y=-\frac{6}{x}$ 答

両辺に−2をかける。

(3) 関数$y=2x$は,xが増加すると,yも増加する。xの変域は$-3 \leqq x \leqq 3$だから,$x=-3$と$x=3$をそれぞれ$y=2x$に代入する。

$x=-3$のとき　$y=2\times(-3)=-6$

$x=3$のとき　$y=2\times3=6$

これより,求めるyの変域は,$-6 \leqq y \leqq 6$ 答

A チャレンジ問題

得点

全9問

解き方と解答 134〜136ページ

1 右の図のように，①の比例のグラフと②の反比例のグラフが点Aで交わっています。①の式が $y=-\frac{1}{3}x$ で，点Aの y 座標が2のとき，次の問いに答えなさい。

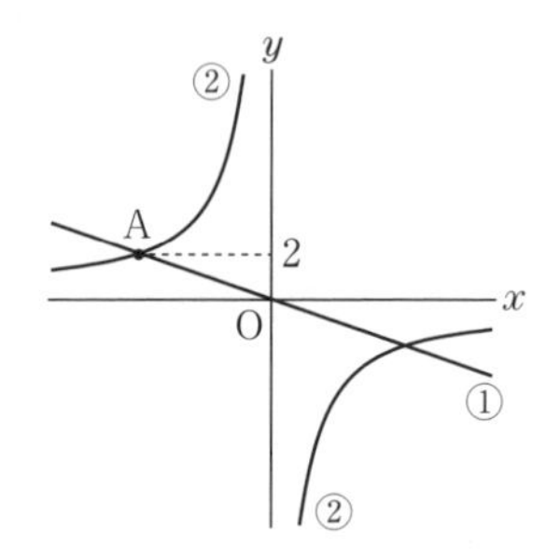

(1) 点Aの座標を求めなさい。

(2) ②の式を求めなさい。

(3) ②のグラフ上で，x 座標と y 座標の値がどちらも整数である点の数を求めなさい。

2 分速80mの速さで進むと，目的地に到着するのに90分かかりました。同じ道のりを分速 x mで進むと，目的地に到着するのに y 分かかるとして，次の問いに答えなさい。

(1) y を x の式で表しなさい。

(2) 50分で目的地に到着したとき，分速何mで進みましたか。

3 まゆみさんは，一定の速さでジョギングをします。きのうは45分で5400m走りました。同じ速さで，x 分で y m走るとして，次の問いに答えなさい。

(1) y を x の式で表しなさい。

(2) まゆみさんが7800m走るのにかかる時間を求めなさい。

4 右の図のように，2直線 $y=x$…①，$y=\frac{1}{4}x+6$…②があります。②と x 軸の交点をA，①と②の交点をBとするとき，次の問いに答えなさい。

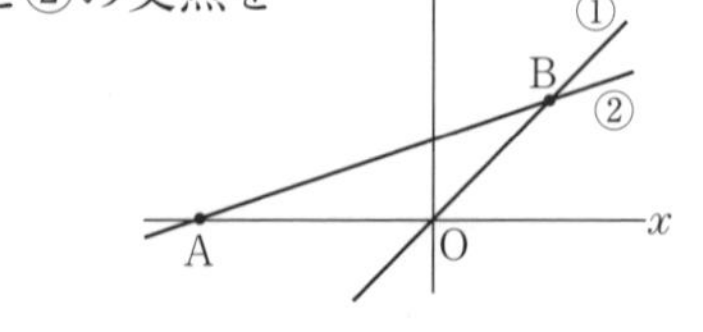

(1) 点Aの座標を求めなさい。

(2) 点Bの座標を求めなさい。

B チャレンジ問題

得点

全9問

解き方と解答 137〜139ページ

1 ある斜面でボールをそっと転がします。ボールが転がりはじめてからx秒間に転がる距離をy mとすると，yはxの2乗に比例するとします。転がりはじめて2秒間で6m転がったとき，次の問いに答えなさい。

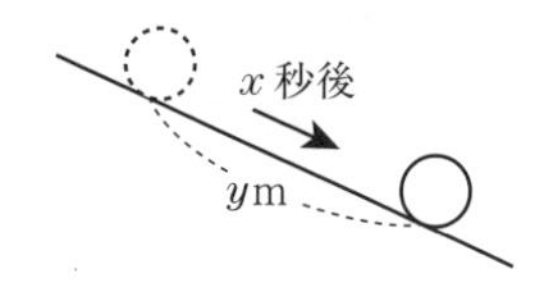

(1) yをxの式で表しなさい。

(2) 転がる距離が24mになるのは，転がりはじめてから何秒後ですか。

(3) 転がりはじめて6秒後から10秒後までの間に転がる距離を求めなさい。

(4) 転がりはじめて6秒後から10秒後までの間の平均の速さを求めなさい。平均の速さは，$\dfrac{(\text{転がる距離})}{(\text{転がる時間})}$で求められるものとします。

2 右の図で，①，②はそれぞれ，原点を頂点とする放物線と直線のグラフです。2点A，Bは2つのグラフの交点で，点Aのx座標が-6，点Bの座標が$(4,\ -8)$です。このとき，次の問いに答えなさい。

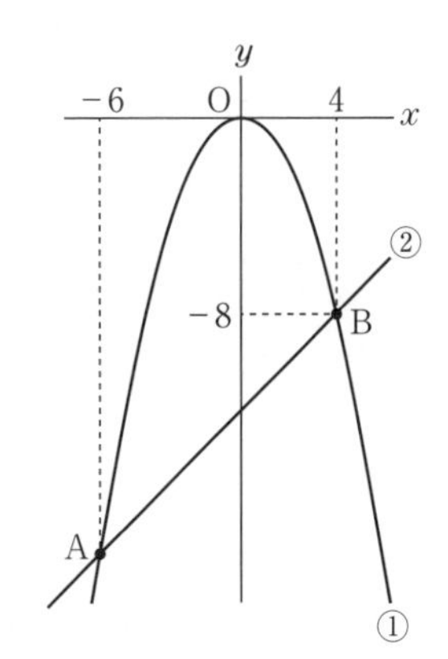

(1) ①の式を求めなさい。

(2) 点Aの座標を求めなさい。

(3) ②の式を求めなさい。

(4) ①で，xの変域が$-6 \leqq x \leqq 4$のときのyの変域を求めなさい。

(5) ①で，xが-2から6まで増加するときの変化の割合を求めなさい。

A　解き方と解答

問題 132ページ

1 右の図のように，①の比例のグラフと②の反比例のグラフが点Aで交わっています。①の式が $y=-\frac{1}{3}x$ で，点Aの y 座標が2のとき，次の問いに答えなさい。

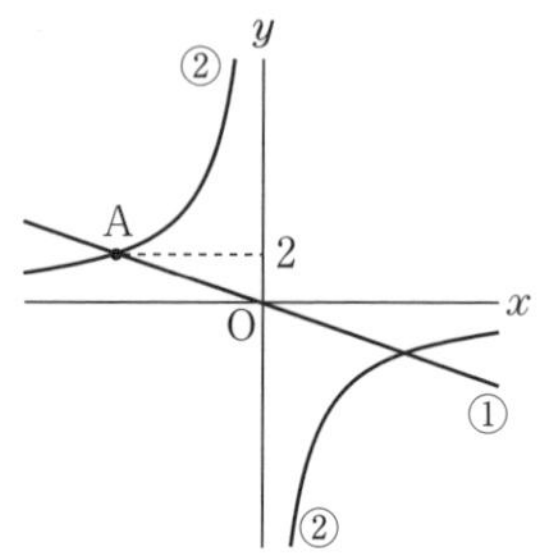

(1)　点Aの座標を求めなさい。

(2)　②の式を求めなさい。

(3)　②のグラフ上で，x 座標と y 座標の値がどちらも整数である点の数を求めなさい。

【解き方】

(1)　$y=-\frac{1}{3}x$ に $y=2$ を代入すると，

$2=-\frac{1}{3}x$

両辺に -3 をかける。

$x=-6$

A$(-6,\ 2)$ 解答

(2)　②の式を $y=\frac{a}{x}$ とする。点Aは②上の点なので，

$2=\frac{a}{-6}$　←$x=-6$，$y=2$ を代入する。

$a=-12$　←両辺に -6 をかける。

よって，$y=-\frac{12}{x}$

$y=-\frac{12}{x}$ 解答

(3)　$y=-\frac{12}{x}$ より，$xy=-12$ だから，積が -12 になる整数の組み合わせを考える。x座標の小さい順に，$(-12,\ 1)$，$(-6,\ 2)$，$(-4,\ 3)$，$(-3,\ 4)$，$(-2,\ 6)$，$(-1,\ 12)$，$(1,\ -12)$，$(2,\ -6)$，$(3,\ -4)$，$(4,\ -3)$，$(6,\ -2)$，$(12,\ -1)$ の12個があてはまる。 **12個** 解答

2 **分速80mの速さで進むと，目的地に到着するのに90分かかりました。同じ道のりを分速 x mで進むと，目的地に到着するのに y 分かかるとして，次の問いに答えなさい。**

(1)　y を x の式で表しなさい。

(2)　50分で目的地に到着したとき，分速何mで進みましたか。

【解き方】

(1)　目的地までの道のりを求めると，$80 \times 90 = 7200$(m)

道のりが7200mだから，速さを分速 x m，かかる時間を y 分とすると

$xy = 7200$

$y = \dfrac{7200}{x}$　（両辺を x でわる。）

$y = \dfrac{7200}{x}$ 解答

(2)　$y = \dfrac{7200}{x}$ に $y = 50$ を代入すると，

$50 = \dfrac{7200}{x}$

$50x = 7200$　（両辺に x をかける。）

$x = 144$

分速144m 解答

3 **まゆみさんは，一定の速さでジョギングをします。きのうは45分で5400m走りました。同じ速さで，x 分で y m走るとして，次の問いに答えなさい。**

(1)　y を x の式で表しなさい。

(2)　まゆみさんが7800m走るのにかかる時間を求めなさい。

【解き方】

(1)　まゆみさんの速さを求めると，$5400 \div 45 = 120$

速さが分速120mだから，走る時間を x 分，走った道のりを y mとすると，

$120 \times x = y$

$y = 120x$

$y = 120x$ 解答

(2)　$y=120x$ に $y=7800$ を代入すると，

$7800=120x$

$x=65$

65分 解答

---

4 **右の図のように，2直線 $y=x$…①，$y=\frac{1}{4}x+6$…② があります。②と x 軸の交点をA，①と②の交点をBとするとき，次の問いに答えなさい。**

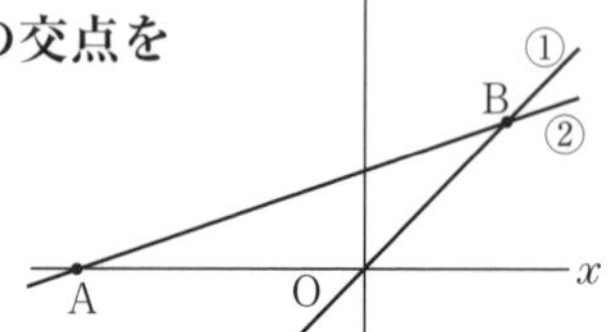

(1)　点Aの座標を求めなさい。

(2)　点Bの座標を求めなさい。

【解き方】

(1)　点Aの y 座標は0だから，②に $y=0$ を代入すると，

$0=\frac{1}{4}x+6$

両辺を4倍して

$0=x+24$

$x=-24$

x 軸の式は $y=0$ で，y 軸の式は $x=0$ ですね。

よって，A$(-24,\ 0)$である。

A$(-24,\ 0)$ 

(2)　グラフの交点の座標を求めるために，①と②を連立方程式にして解く。

$$\begin{cases} y=x & \cdots① \\ y=\frac{1}{4}x+6 & \cdots② \end{cases}$$

①を②に代入して，

$x=\frac{1}{4}x+6$

y を消去してから，分母をはらおう。

両辺を4倍して

$4x=x+24$

$3x=24$

$x=8$

これを①に代入して

$y=8$

よって，B$(8,\ 8)$である。

B$(8,\ 8)$ 

B 解き方と解答

問題 133ページ

1 ある斜面でボールをそっと転がします。ボールが転がりはじめてからx秒間に転がる距離をy mとすると，yはxの2乗に比例するとします。転がりはじめて2秒間で6 m転がったとき，次の問いに答えなさい。

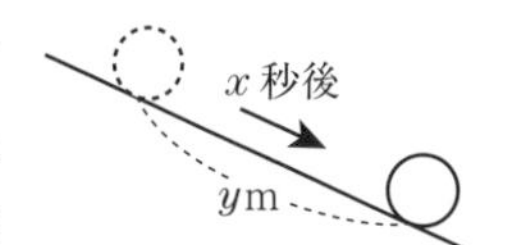

(1)　yをxの式で表しなさい。

(2)　転がる距離が24mになるのは，転がりはじめてから何秒後ですか。

(3)　転がりはじめて6秒後から10秒後までの間に転がる距離を求めなさい。

(4)　転がりはじめて6秒後から10秒後までの間の平均の速さを求めなさい。

平均の速さは，$\dfrac{(\text{転がる距離})}{(\text{転がる時間})}$で求められるものとします。

【解き方】

(1)　yはxの2乗に比例するから，$y=ax^2$に$x=2$と$y=6$を代入すると，

$6=a\times2^2$　$6=4a$　$a=1.5$ ← $6\div4=1.5$

よって，$y=1.5x^2$

$y=1.5x^2$ **解答**

(2)　$y=1.5x^2$に$y=24$を代入すると，

$24=1.5x^2$　$x^2=16$ ← $24\div1.5=16$

$x>0$より，$x=4$

4秒後 **解答**

(3)　$y=1.5x^2$に，$x=6$と$x=10$を，それぞれ代入すると，

$y=1.5\times6^2$　　　$y=1.5\times10^2$

$=1.5\times36$　　　$=1.5\times100$

$=54$　　　$=150$

転がりはじめて6秒後から10秒後までの間に転がる距離は，

$150-54=96$(m)

96 m **解答**

(4)　4秒間で96 m転がったときの平均の速さは，$\dfrac{(転がる距離)}{(転がる時間)}$より，

$\dfrac{96}{4}$＝(秒速) 24 (m)　　**秒速24 m**　解答

10－6＝4 が x の増加量で，$1.5\times10^2-1.5\times6^2=150-54=96$ が y の増加量だから，平均の速さはこの間の変化の割合を表しているよ。

---

2 右の図で，①，②はそれぞれ，原点を頂点とする放物線と直線のグラフです。2点A，Bは2つのグラフの交点で，点Aの x 座標が－6，点Bの座標が (4，－8) です。このとき，次の問いに答えなさい。

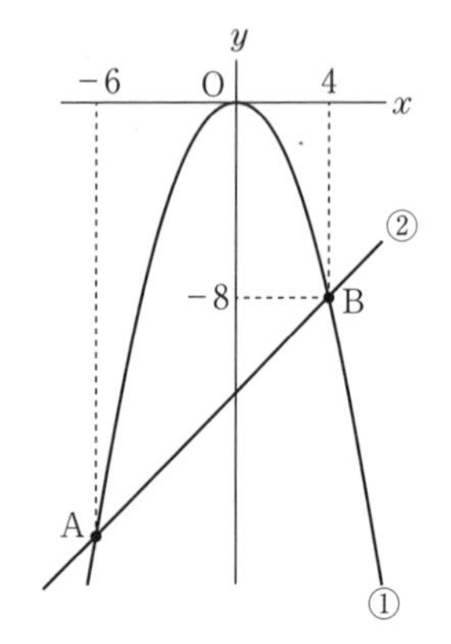

(1)　①の式を求めなさい。

(2)　点Aの座標を求めなさい。

(3)　②の式を求めなさい。

(4)　①で，xの変域が$-6\leqq x\leqq4$のときの y の変域を求めなさい。

(5)　①で, x が－2から 6 まで増加するときの変化の割合を求めなさい。

【解き方】

(1)　①の式を $y=ax^2$とする。点Bは①上の点なので，

$-8=a\times4^2$ ←$x=4$，$y=-8$ を代入する。

$16a=-8$

$a=-\dfrac{1}{2}$

よって，$y=-\dfrac{1}{2}x^2$　　$\boldsymbol{y=-\dfrac{1}{2}x^2}$　解答

(2)　点Aの x 座標を①の式に代入すると，

$y=-\dfrac{1}{2}\times(-6)^2=-18$

よって，A(－6，－18)　　A(－6，－18)　解答

(3)　②の式を $y=mx+n$ とする。2点A，Bは②上の点なので，

$$\begin{cases} -18=-6m+n \cdots ① \\ -8=4m+n \quad \cdots ② \end{cases}$$

直線の式を求めるときは，
計算ミスに注意しよう。

②－①より，

$10=10m$

$m=1$

これを②に代入して，

$-8=4+n$

$n=-12$

よって，$y=x-12$

$y=x-12$ 解答

(4)　x の変域が $-6 \leqq x \leqq 4$ のとき，①の y の最大値は点Oの y 座標の $y=0$ で，最小値は点Aの y 座標の $y=-18$ である。

よって，$-18 \leqq y \leqq 0$

$-18 \leqq y \leqq 0$ 

(5)　①の式 $y=-\frac{1}{2}x^2$ に，$x=-2$ と $x=6$ を，それぞれ代入すると，

$$y=-\frac{1}{2}\times(-2)^2 \qquad y=-\frac{1}{2}\times 6^2$$

$$=-\frac{1}{2}\times 4 \qquad =-\frac{1}{2}\times 36$$

$$=-2 \qquad =-18$$

x が -2 から 6 まで増加するとき，y は -2 から -18 まで増加する。

よって，変化の割合は，

$$\frac{-18-(-2)}{6-(-2)}=\frac{-16}{8}=-2$$

-2 解答

数理技能検定（2次）対策

4 三角形と四角形

ここが出題される

合同の証明において，合同条件を選ぶ問題などが出題されています。仮定や図形の性質から必要な条件を導くことが重要です。根拠を明らかにして証明できるようにしましょう。

POINT 三角形の合同条件と平行四辺形の性質

▶合同条件

・三角形の合同条件

①３組の辺がそれぞれ等しい

②２組の辺とその間の角がそれぞれ等しい

③１組の辺とその両端の角がそれぞれ等しい

・直角三角形の合同条件（斜辺は直角に対する辺）

①斜辺と他の１辺がそれぞれ等しい…A

②斜辺と１つの鋭角がそれぞれ等しい…B

◎直角三角形が合同であることを示すときは，三角形の合同条件と同様に，「１組の角が90°である」ことを含めて，３つの式を示す必要がある。

▶平行四辺形

・定義…２組の向かい合う辺がそれぞれ平行である四角形

▶平行四辺形の性質と平行四辺形になるための条件

・平行四辺形の性質

①２組の向かい合う辺はそれぞれ等しい

②２組の向かい合う角はそれぞれ等しい

③対角線はそれぞれの中点で交わる

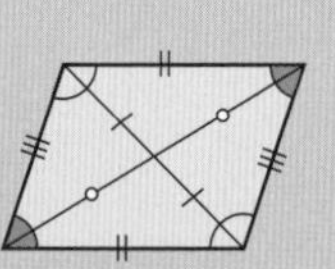

・平行四辺形になるための条件

①２組の向かい合う辺がそれぞれ平行である（定義）

②２組の向かい合う辺がそれぞれ等しい

③２組の向かい合う角がそれぞれ等しい

④対角線がそれぞれの中点で交わる

⑤１組の向かい合う辺が等しくて平行である

基本的な三角形の合同の証明の書き方

① 合同を証明する2つの三角形を示す。

② 仮定や図形の性質から，合同であることを示すときに必要な条件を3つ書く。

③ ②をもとに合同条件を示す。

④ 2つの三角形が合同であることを，記号「≡」を使って示す。

※ 図形の性質から必要な条件を書くときは，理由を示す。

例題

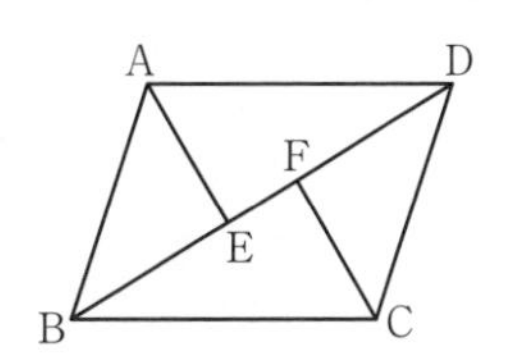

右の図のように，平行四辺形ABCDの対角線BD上に2点E，Fを，線分AE，CFがそれぞれ対角線BDに垂直になるようにとるとき，DE＝BFであることを，2つの三角形が合同であることを用いて，もっとも簡潔な手順で証明します。次の問いに答えなさい。

(1) 証明に用いる2つの三角形を示しなさい。

(2) (1)のときの合同条件を答えなさい。

解答・解説

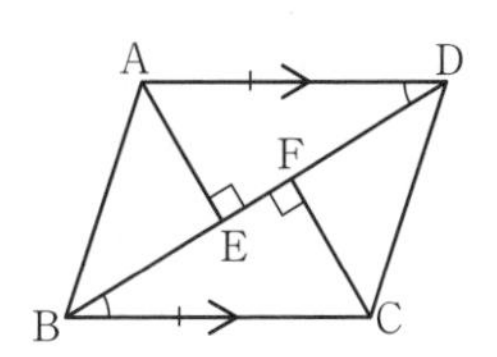

(1) DEとBFがそれぞれ含まれる，△ADEと△CBFを考える。

△ADEと△CBF 答

(証明) △ADEと△CBFにおいて，

仮定より，∠AED＝∠CFB＝90°…①

平行四辺形の向かい合う辺は等しいから，AD＝CB…②

平行四辺形の向かい合う辺は平行で，錯角は等しいから，AD//BCより，∠ADE＝∠CBF…③

①，②，③より，斜辺と1つの鋭角がそれぞれ等しいので，

△ADE≡△CBF

対応する辺は等しいので，DE＝BF (証明終)

(2) 証明より，斜辺と1つの鋭角がそれぞれ等しい 答

A チャレンジ問題

得点

全4問

解き方と解答 144～145ページ

1 右の図のように，AB＝ACである二等辺三角形ABCがあります。辺AC，AB上に，それぞれ点D，Eを∠ABD＝∠ACEになるようにとります。このとき，AD＝AEであることを，2つの三角形が合同であることを用いて，もっとも簡潔な手順で証明します。次の問いに答えなさい。

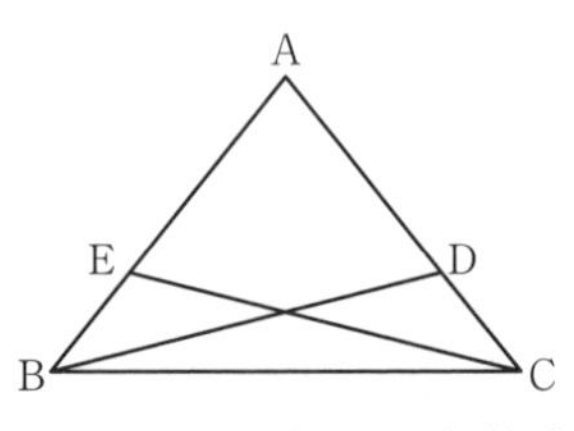

(1) 証明に用いる2つの三角形を示しなさい。

(2) (1)のときの合同条件を，下の①～⑤から1つ選びなさい。

① 3組の辺がそれぞれ等しい

② 2組の辺とその間の角がそれぞれ等しい

③ 1組の辺とその両端の角がそれぞれ等しい

④ 直角三角形の斜辺と他の1辺がそれぞれ等しい

⑤ 直角三角形の斜辺と1つの鋭角がそれぞれ等しい

2 右の図のように，線分BD上に点Cがあり，△ABCと△ECDはともに正三角形です。このとき，∠ADC＝∠BECであることを，2つの三角形が合同であることを用いて，もっとも簡潔な手順で証明します。次の問いに答えなさい。

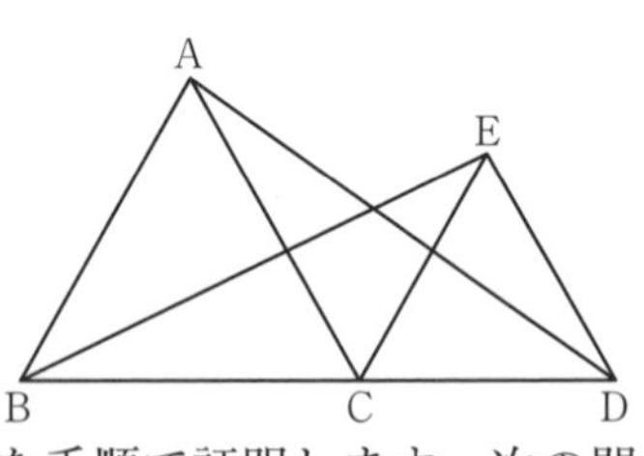

(1) 証明に用いる2つの三角形を示しなさい。

(2) (1)のときの合同条件を，**1**(2)の①～⑤から1つ選びなさい。

B チャレンジ問題

得点

全4問

解き方と解答 146〜147ページ

1 平行四辺形ABCDがあり，対角線AC，BDの交点をOとします。対角線BD上に，それぞれ点E，Fを，BE＝DFになるようにとります。このとき，四角形AECFは平行四辺形であることを，もっとも簡潔な手順で証明します。次の問いに答えなさい。

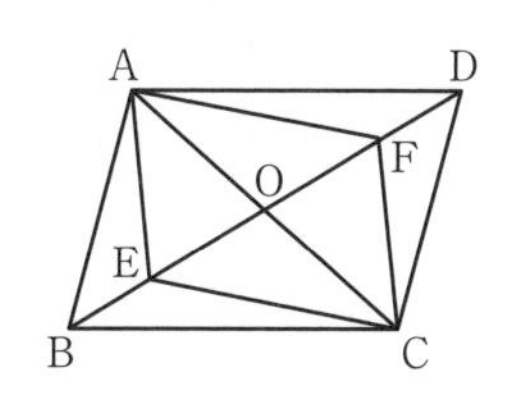

(1)　平行四辺形になるための条件を，下の①～⑤から１つ選びなさい。

①　２組の向かい合う辺がそれぞれ平行である

②　２組の向かい合う辺がそれぞれ等しい

③　２組の向かい合う角がそれぞれ等しい

④　対角線がそれぞれの中点で交わる

⑤　１組の向かい合う辺が等しくて平行である

(2)　証明を書きなさい。

2 右の図のように，平行四辺形ABCDがあり，対角線AC，BDの交点をOとします。辺AB，CD上に，それぞれ点E，Fを，線分EFが点Oを通るようにとります。このとき，AE＝CFであることを，２つの三角形が合同であることを用いて，もっとも簡潔な手順で証明します。次の問いに答えなさい。

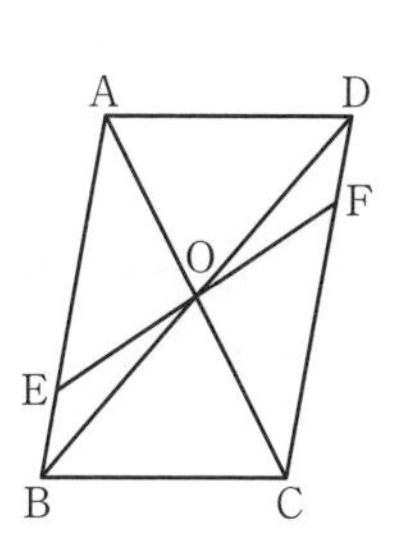

(1)　証明に用いる２つの三角形を示しなさい。

(2)　(1)のときの合同条件を，142ページ **1** (2)の①～⑤から１つ選びなさい。

A 解き方と解答

問題 142ページ

1 右の図のように，AB＝ACである二等辺三角形ABCがあります。辺AC，AB上に，それぞれ点D，Eを∠ABD＝∠ACEになるようにとります。このとき，AD＝AEであることを，2つの三角形が合同であることを用いて，もっとも簡潔な手順で証明します。次の問いに答えなさい。

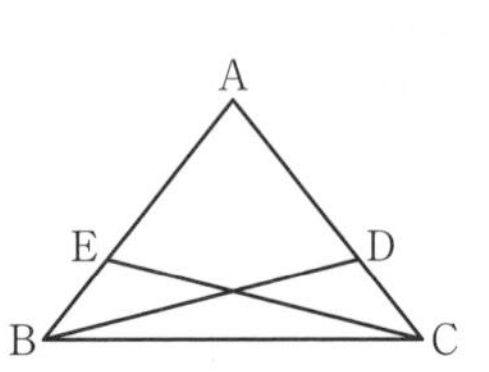

(1)　証明に用いる2つの三角形を示しなさい。

(2)　(1)のときの合同条件を，下の①～⑤から1つ選びなさい。

①　3組の辺がそれぞれ等しい

②　2組の辺とその間の角がそれぞれ等しい

③　1組の辺とその両端の角がそれぞれ等しい

④　直角三角形の斜辺と他の1辺がそれぞれ等しい

⑤　直角三角形の斜辺と1つの鋭角がそれぞれ等しい

【解き方】

(1)　ABとAC，∠ABDと∠ACEがそれぞれ含まれる△ABDと△ACEを考える。

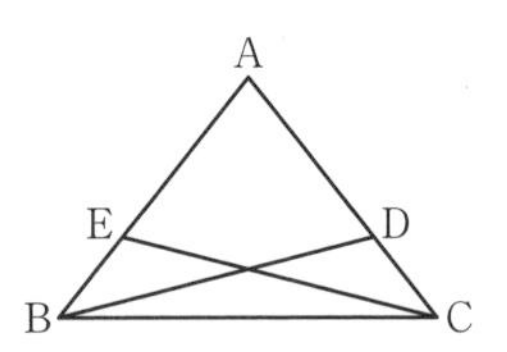

△ABDと△ACE 解答

(証明)　△ABDと△ACEにおいて，

仮定より，AB＝AC…①

∠ABD＝∠ACE…②

共通の角だから，∠BAD＝∠CAE…③

①，②，③より，1組の辺とその両端の角がそれぞれ等しいから，

△ABD≡△ACE

合同な図形では，対応する辺の長さは等しいので，

AD＝AE　(証明終)

(2)　証明より，合同条件は③である。

2 右の図のように，線分BD上に点Cがあり，△ABCと△ECDはともに正三角形です。このとき，∠ADC＝∠BECであることを，2つの三角形が合同であることを用いて，もっとも簡潔な手順で証明します。次の問いに答えなさい。

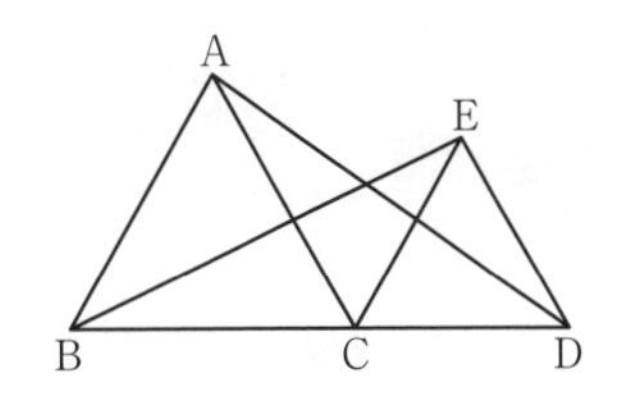

(1) 証明に用いる2つの三角形を示しなさい。

(2) (1)のときの合同条件を，下の①～⑤から1つ選びなさい。

① 3組の辺がそれぞれ等しい

② 2組の辺とその間の角がそれぞれ等しい

③ 1組の辺とその両端の角がそれぞれ等しい

④ 直角三角形の斜辺と他の1辺がそれぞれ等しい

⑤ 直角三角形の斜辺と1つの鋭角がそれぞれ等しい

【解き方】

(1) ∠ADCと∠BECがそれぞれ含まれる△ACDと△BCEを考える。

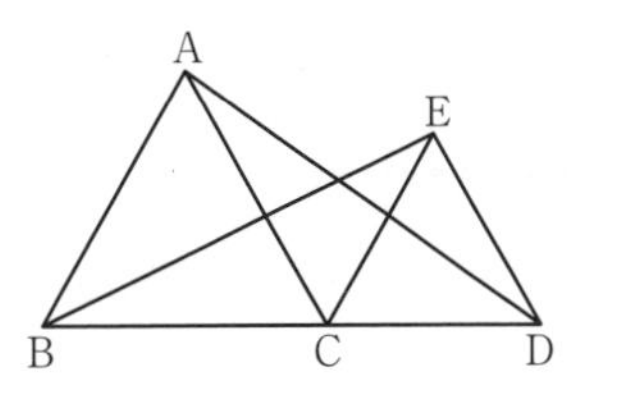

△ACDと△BCE  解答

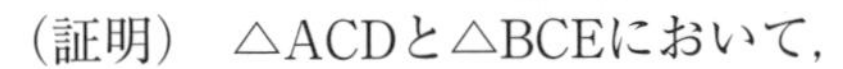
(証明) △ACDと△BCEにおいて，

△ABCと△ECDはともに正三角形だから，

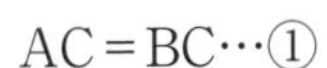
AC＝BC…①

CD＝CE…②

正三角形の1つの内角は60°だから，

∠ACD＝∠BCE＝180°－60°＝120°…③

①，②，③より，2組の辺とその間の角がそれぞれ等しいから，

△ACD≡△BCE

合同な図形では，対応する角の大きさは等しいので，

∠ADC＝∠BEC (証明終)

(2) 証明より，合同条件は②である。 ② 解答

B 解き方と解答

問題 143ページ

1 平行四辺形ABCDがあり，対角線AC，BDの交点をOとします。対角線BD上に，それぞれ点E，Fを，BE＝DFになるようにとります。このとき，四角形AECFは平行四辺形であることを，もっとも簡潔な手順で証明します。次の問いに答えなさい。

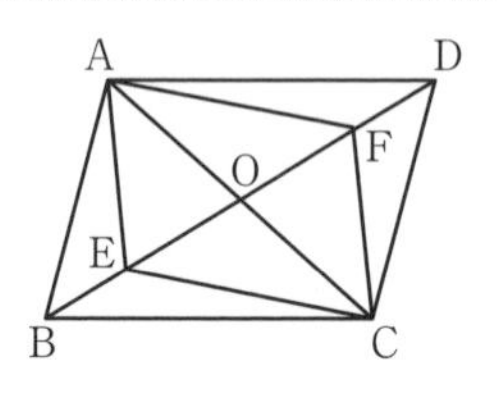

(1)　平行四辺形になるための条件を，下の①～⑤から１つ選びなさい。

①　２組の向かい合う辺がそれぞれ平行である

②　２組の向かい合う辺がそれぞれ等しい

③　２組の向かい合う角がそれぞれ等しい

④　対角線がそれぞれの中点で交わる

⑤　１組の向かい合う辺が等しくて平行である

(2)　証明を書きなさい。

【解き方】

(1)　点E，Fが対角線上にあることから，対角線の長さに注目すると簡潔な手順で証明することができる。

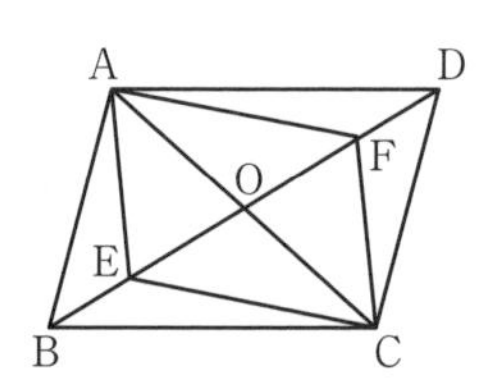

④　解答

(2)　（証明）　平行四辺形の対角線は，それぞれの中点で交わるから，

AO＝CO…①，BO＝DO…②

仮定より，BE＝DF…③

②，③より，EO＝FO…④

①，④より，対角線がそれぞれの中点で交わるから，

四角形AECFは平行四辺形である。　（証明終）

左記の証明　

2 右の図のように，平行四辺形ABCDがあり，対角線AC，BDの交点をOとします。辺AB，CD上に，それぞれ点E，Fを，線分EFが点Oを通るようにとります。このとき，AE＝CFであることを，2つの三角形が合同であることを用いて，もっとも簡潔な手順で証明します。次の問いに答えなさい。

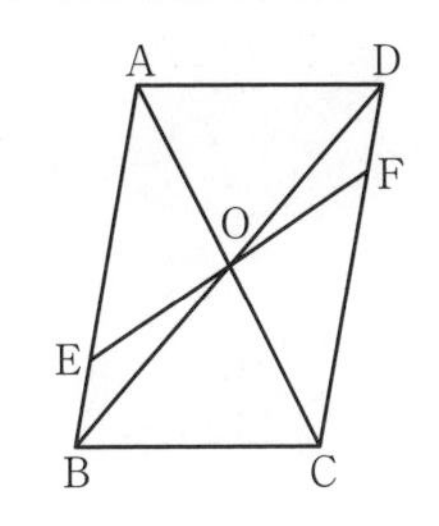

(1) 証明に用いる2つの三角形を示しなさい。

(2) (1)のときの合同条件を，下の①～⑤から1つ選びなさい。

① 3組の辺がそれぞれ等しい

② 2組の辺とその間の角がそれぞれ等しい

③ 1組の辺とその両端の角がそれぞれ等しい

④ 直角三角形の斜辺と他の1辺がそれぞれ等しい

⑤ 直角三角形の斜辺と1つの鋭角がそれぞれ等しい

【解き方】

(1) AEとCFがそれぞれ含まれる△AOEと△COFを考える。　△AOEと△COF 解答

(証明) △AOEと△COFにおいて，

平行四辺形の対角線は，それぞれの中点で交わるから，

AO＝CO…①

対頂角は等しいから

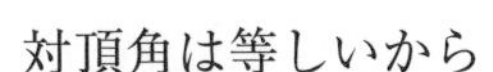

∠AOE＝∠COF…②

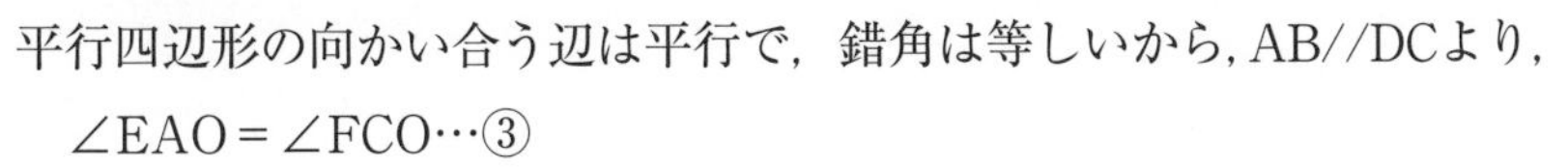

平行四辺形の向かい合う辺は平行で，錯角は等しいから，AB//DCより，

∠EAO＝∠FCO…③

①，②，③より，1組の辺とその両端の角がそれぞれ等しいから，

△AOE≡△COF

合同な図形では，対応する辺の長さは等しいので，

AE＝CF　(証明終)

(2) 証明より，合同条件は③である。

③ 解答

5 図形の相似・三平方の定理

ここが出題される 三角形の相似や平行線の線分比，三平方の定理を利用して線分の長さを求める問題などが出題されています。基本問題が中心ですから，失点は避けたい範囲です。

POINT 図形の相似・三平方の定理

▶図形の相似(∽)

・三角形の相似条件

①3組の辺の比がすべて等しい

②2組の辺の比とその間の角がそれぞれ等しい

③2組の角がそれぞれ等しい

・三角形と線分の比

DE∥BCならば，

AD：AB＝AE：AC＝DE：BC

AD：DB＝AE：EC

・平行線の向かい合う比

$\ell /\!/ m /\!/ n$ のとき，AB：BC＝DE：EF

・相似な図形の面積比と体積比

相似比(長さの比)が $a:b$ ⇒面積比は $a^2:b^2$，体積比は $a^3:b^3$

▶三平方の定理

・三平方の定理

直角をはさむ2辺の長さが a，b，斜辺の長さが c の直角三角形で，

$c^2=a^2+b^2$

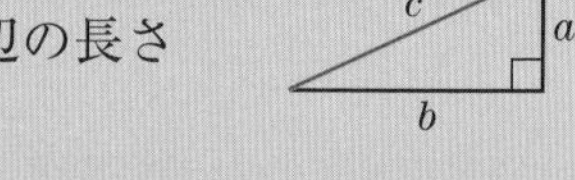

・特別な直角三角形

1：1：$\sqrt{2}$　1：2：$\sqrt{3}$

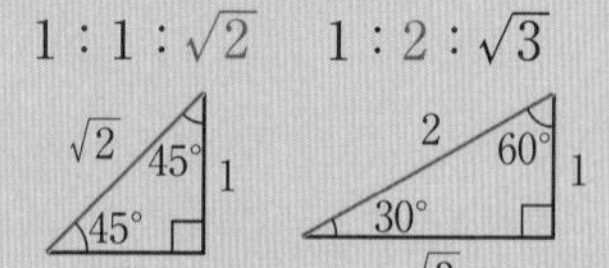

・3辺の長さが整数比になる直角三角形の例

3：4：5　5：12：13

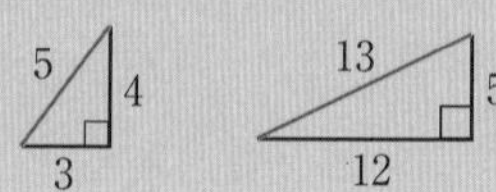

次の図の x の値を求めなさい。

(1)　DE // BC

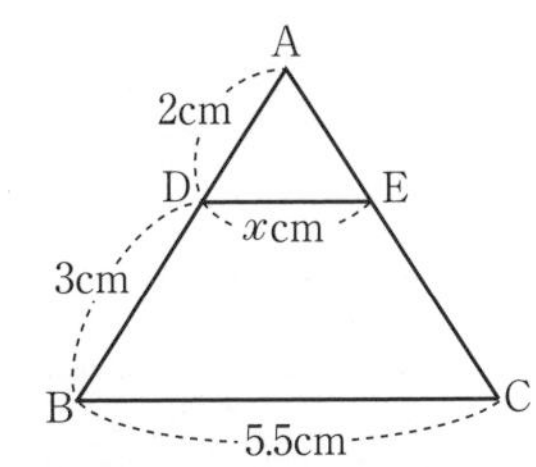

(2)

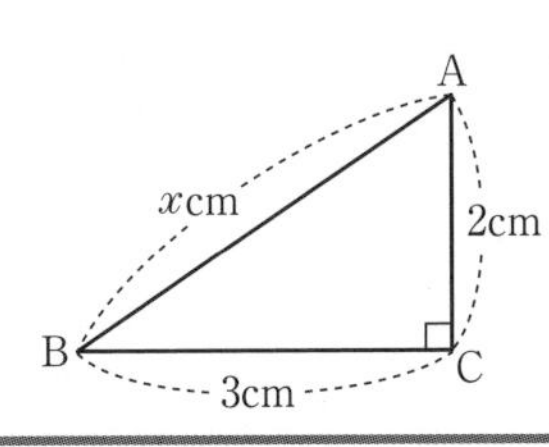

(3)

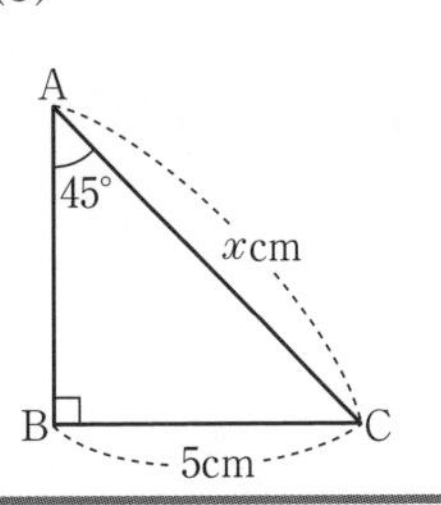

解答・解説

(1)　DE // BCより，AD：AB＝DE：BC

$$2 : (2+3) = x : 5.5$$

$$5x = 2 \times 5.5$$

$$x = 2.2$$ 答

比の性質

$a : b = m : n$ ならば

$an = bm$

を利用する。

(2)　三平方の定理より，

$$AB^2 = BC^2 + AC^2$$

$$x^2 = 3^2 + 2^2$$

$$x^2 = 13$$

$x > 0$ より，$x = \sqrt{13}$ 答

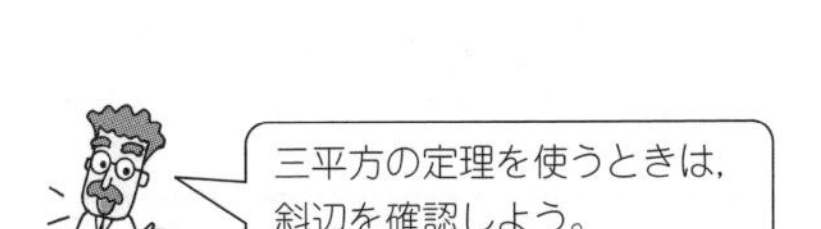

(3)　△ABCは，∠BAC＝45°の直角三角形だから，

$$AB : BC : AC = 1 : 1 : \sqrt{2}$$

$$BC : AC = 1 : \sqrt{2}$$

$$5 : x = 1 : \sqrt{2}$$

$$x = 5 \times \sqrt{2}$$ ←$a : b = m : n$ ならば，$an = bm$

$$x = 5\sqrt{2}$$ 答

A チャレンジ問題

得点

全7問

解き方と解答 152～154ページ

1 右の図で，$\ell /\!/ m /\!/ n$ のとき，x の値を求めなさい。

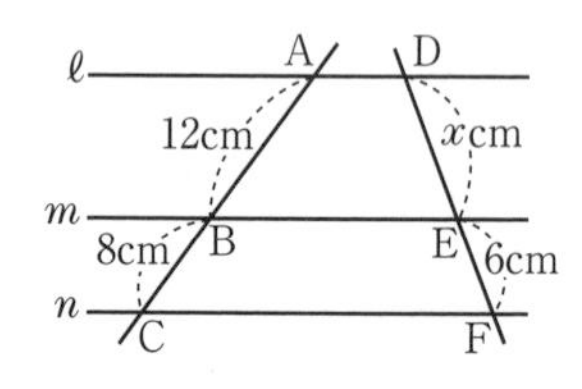

2 右の図で，DE // BCのとき，次の問いに答えなさい。

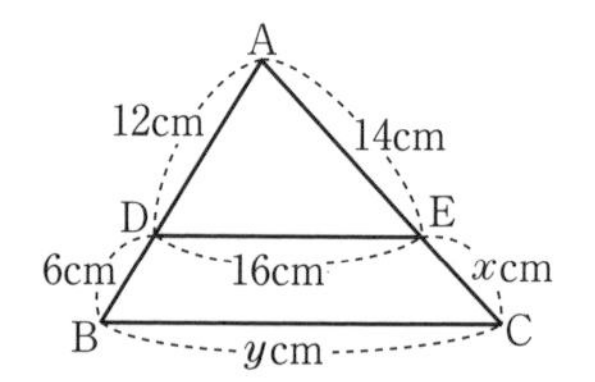

(1)　x，y の値を求めなさい。

(2)　△ABCと△ADEの面積の比を，もっとも簡単な整数の比で表しなさい。

3 下の(1)～(3)の直角三角形の図で，x，y の値を求めなさい。

(1)

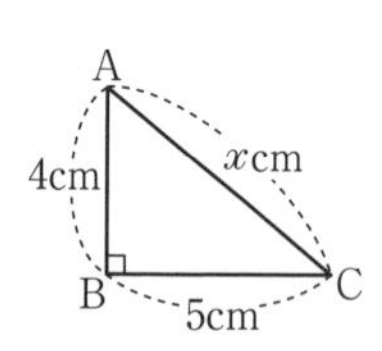

(2)

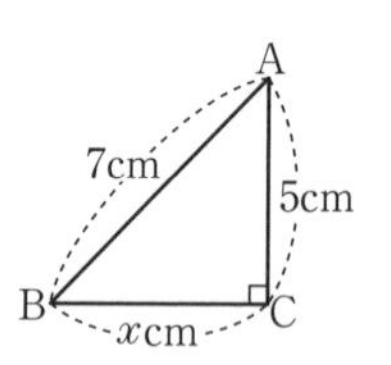

(3)

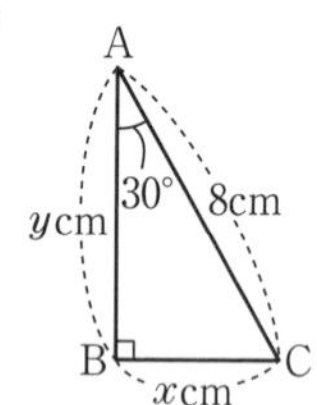

4 右の図の四角形ABCDは平行四辺形で，点Oは対角線の交点です。∠BAC＝90°のとき，線分BOの長さを求めなさい。

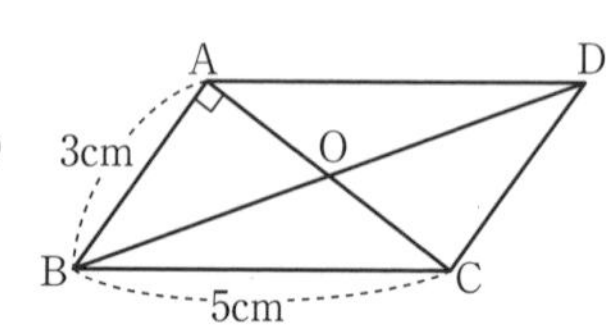

B チャレンジ問題

得点

全7問

解き方と解答 155〜157ページ

1 右の図で，DE // ACのとき，次の問いに答えなさい。

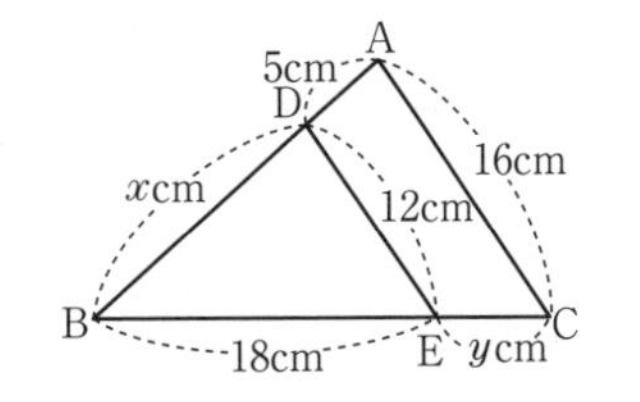

(1) x，y の値を求めなさい。

(2) △ABCと△DBEの面積の比を，もっとも簡単な整数の比で表しなさい。

2 下の(1)〜(3)の直角三角形の図で，x，y の値を求めなさい。

(1)

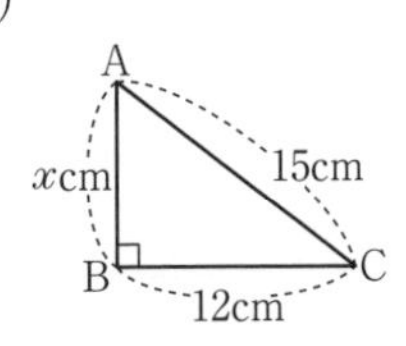

(2)

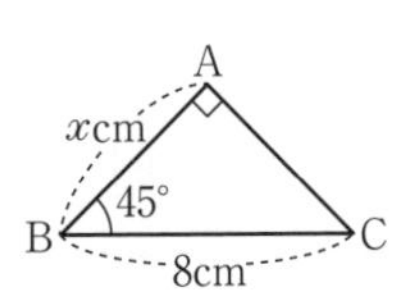

(3)

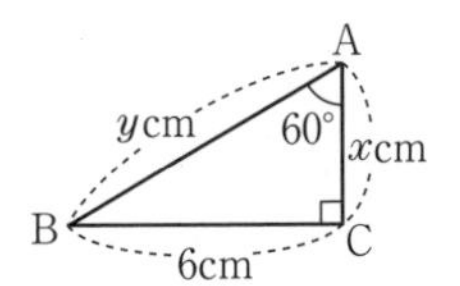

3 右の四角形ABCDはAD // BCの台形で，AB＝DC＝10cm，AD＝6 cm，BC＝16cmです。次の問いに答えなさい。

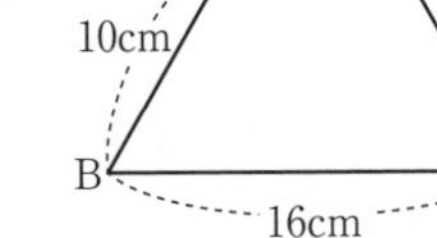

(1) ∠ABCの大きさを求めなさい。

(2) 台形ABCDの面積を求めなさい。

A 解き方と解答

問題 150ページ

1 右の図で，$\ell \parallel m \parallel n$ のとき，
x の値を求めなさい。

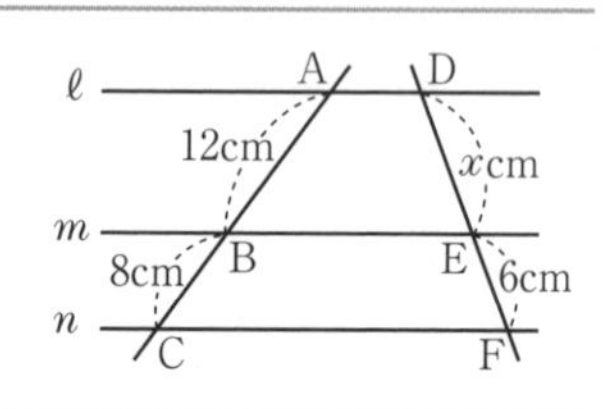

【解き方】

$\ell \parallel m \parallel n$ より，

$12:8=x:6$ ←AB：BC = DE：EF

$8x=12\times6$ ←$a:b=m:n$ ならば，$an=bm$

$8x=72$

$x=9$

$x=9$ **解答**

2 右の図で，DE // BCのとき，次の問いに答えなさい。

(1) x，yの値を求めなさい。

(2) △ABCと△ADEの面積の比を，もっとも簡単な整数の比で表しなさい。

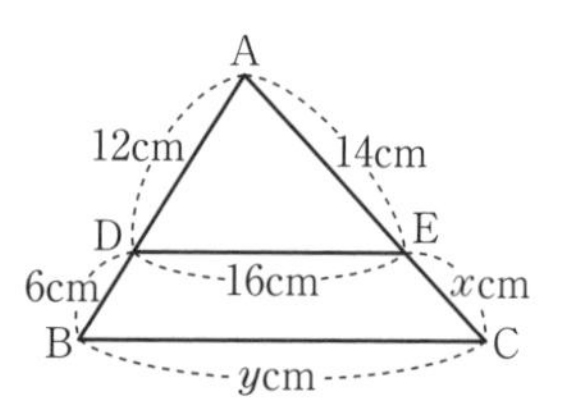

【解き方】

辺の対応に注意しよう。

(1) DE // BCより，

$12:6=14:x$ ←AD：DB = AE：EC

$12x=6\times14$ ←$a:b=m:n$ ならば，$an=bm$

$x=7$

$12:(12+6)=16:y$ ←AD：AB = DE：BC

$12y=18\times16$ ←$a:b=m:n$ ならば，$an=bm$

$y=24$

$x=7$，$y=24$ 

(2)　△ABCと△ADEにおいて，平行線の同位角は等しいから，

　∠ABC＝∠ADE，∠ACB＝∠AED

2組の角がそれぞれ等しいから，

　△ABC∽△ADE

相似比は，

　AB：AD＝(12＋6)：12

　　　　＝18：12＝3：2

よって，△ABCと△ADEの面積比は，

　$3^2 : 2^2 = 9 : 4$

相似比が $a : b$ の図形の面積比は $a^2 : b^2$ でしたね。

9：4　解答

---

3 下の(1)〜(3)の直角三角形の図で，x，yの値を求めなさい。

(1)

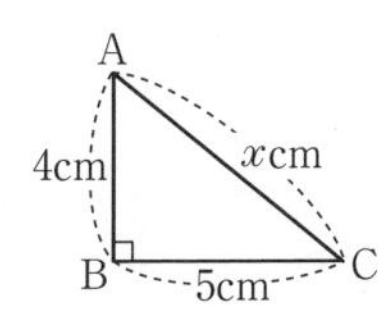

(2)

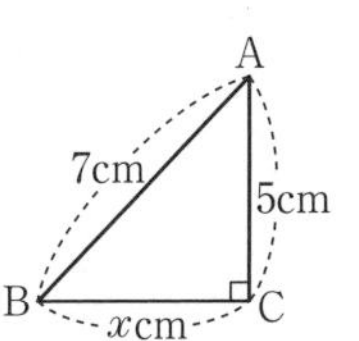

(3)

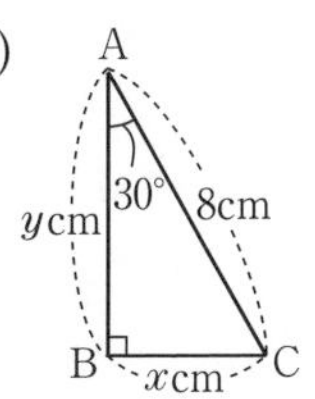

【解き方】

斜辺を間違えないようにしよう。

(1)　三平方の定理より，

$$AC^2 = AB^2 + BC^2$$

$$x^2 = 4^2 + 5^2 = 41$$

$x>0$より，$x=\sqrt{41}$

$\boldsymbol{x=\sqrt{41}}$　解答

(2)　三平方の定理より，

$$AB^2 = BC^2 + AC^2$$

$$7^2 = x^2 + 5^2$$

$$x^2 = 24$$

$x>0$より，$x=\sqrt{24}=2\sqrt{6}$

$\boldsymbol{x=2\sqrt{6}}$　解答

(3)　△ABCは，$\angle BAC=30°$の直角三角形だから，

$BC:AC:AB=1:2:\sqrt{3}$

$BC:AC=1:2$　　$AC:AB=2:\sqrt{3}$

$x:8=1:2$　　$8:y=2:\sqrt{3}$

$2x=8$　　$2y=8\sqrt{3}$

$x=4$　　$y=4\sqrt{3}$

$x=4$，$y=4\sqrt{3}$　解答

4　**右の図の四角形ABCDは平行四辺形で，点Oは対角線の交点です。$\angle BAC=90°$のとき，線分BOの長さを求めなさい。**

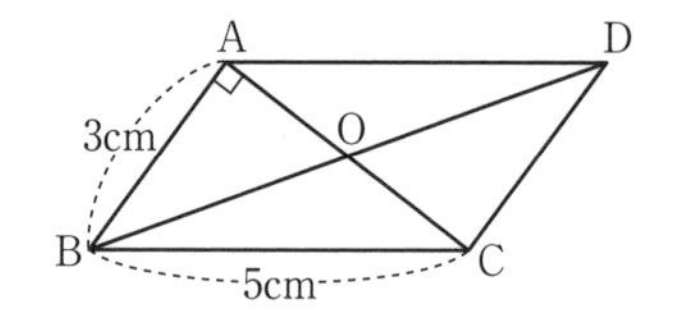

【解き方】

△ABCは斜辺が5 cmで他の1辺が3 cmの直角三角形だから，

$AB:AC:BC=3:4:5$

$AC=4$ (cm)

平行四辺形の対角線はそれぞれの中点で交わるから，

$AO=4\div 2=2$ (cm)

直角三角形ABOについて，三平方の定理より，

$BO^2=AB^2+AO^2$

$BO^2=3^2+2^2=13$

$BO>0$より，$BO=\sqrt{13}$ (cm)

$\sqrt{13}$cm　解答

解き方と解答

 151ページ

1 右の図で，DE∥ACのとき，次の問いに答えなさい。

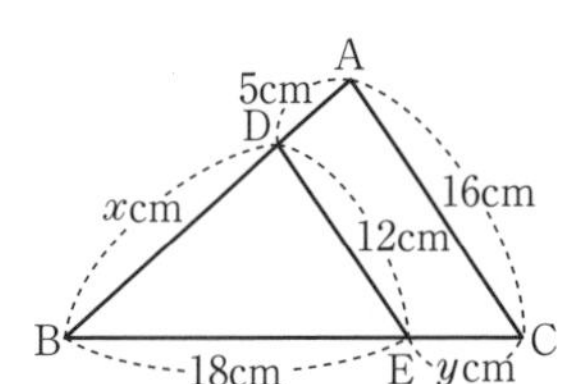

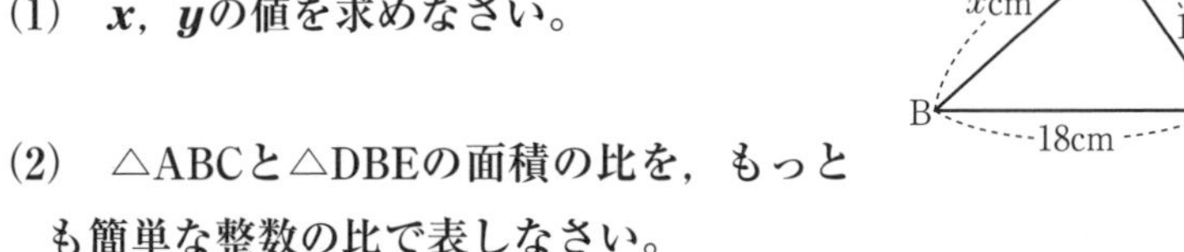

(1)　x，yの値を求めなさい。

(2)　△ABCと△DBEの面積の比を，もっとも簡単な整数の比で表しなさい。

【解き方】

辺の対応に注意しよう。

(1)　DE∥ACより，

$x:(x+5)=12:16$　← BD：BA＝DE：AC

$x:(x+5)=3:4$

$4x=3(x+5)$ ← $a:b=m:n$ ならば，$an=bm$

$x=15$

$18:y=15:5$　← BE：EC＝BD：DA

$18:y=3:1$

$3y=18$　← $a:b=m:n$ ならば，$an=bm$

$y=6$

$x=15$，$y=6$ 

(2)　△ABCと△DBEにおいて，平行線の同位角は等しいから，

∠BAC＝∠BDE，∠BCA＝∠BED

2組の角がそれぞれ等しいから，

△ABC∽△DBE

相似比は，

AB：DB＝(15＋5)：15

＝20：15＝4：3

相似比が$a:b$の図形の面積比は$a^2:b^2$でしたね。

よって，△ABCと△DBEの面積比は，

$4^2:3^2=16:9$

2 下の(1)～(3)の直角三角形の図で，$\boldsymbol{x}$，$\boldsymbol{y}$の値を求めなさい。

(1)
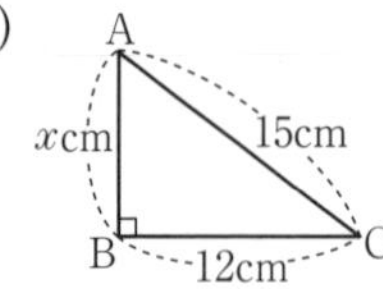

(2)
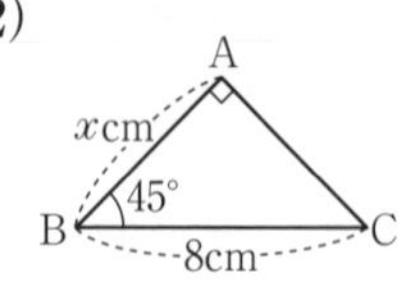

(3)
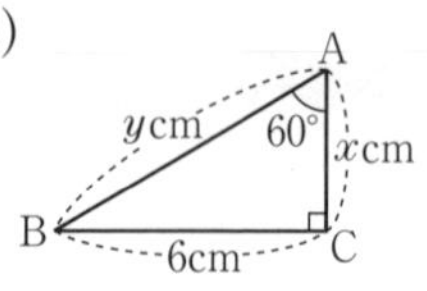

【解き方】

(1)　△ABCは斜辺が15cmで他の１辺が12cmの直角三角形だから，

AB：BC：AC＝3：4：5

三平方の定理で計算しても，
xを求められるね。

AB：BC＝3：4

$x：12＝3：4$

$4x＝12×3$ ←$a：b＝m：n$ならば，$an＝bm$

$x＝9$

$\boldsymbol{x=9}$ **解答**

(2)　△ABCは，∠ABC＝45°の直角三角形だから，

AB：AC：BC＝1：1：$\sqrt{2}$

AB：BC＝1：$\sqrt{2}$

$x：8＝1：\sqrt{2}$

$\sqrt{2}x＝8$ ←$a：b＝m：n$ならば，$an＝bm$

$$x=\frac{8}{\sqrt{2}}=\frac{8\times\sqrt{2}}{\sqrt{2}\times\sqrt{2}}=\frac{\overset{4}{\cancel{8}}\sqrt{2}}{\underset{1}{\cancel{2}}}$$ ←分母を有理化して，約分する。

$x＝4\sqrt{2}$

$\boldsymbol{x=4\sqrt{2}}$ **解答**

(3)　△ABCは，∠BAC＝60°の直角三角形だから，

AC：AB：BC＝1：2：$\sqrt{3}$

AC：BC＝1：$\sqrt{3}$

$x：6＝1：\sqrt{3}$

$\sqrt{3}x＝6$

$$x=\frac{6}{\sqrt{3}}=\frac{6\times\sqrt{3}}{\sqrt{3}\times\sqrt{3}}=\frac{\overset{2}{\cancel{6}}\sqrt{3}}{\underset{1}{\cancel{3}}}$$

$x＝2\sqrt{3}$

AC：AB＝1：2

$x＝2\sqrt{3}$より，

$2\sqrt{3}：y＝1：2$

$y＝4\sqrt{3}$

$\boldsymbol{x=2\sqrt{3}}$，$\boldsymbol{y=4\sqrt{3}}$ **解答**

3 **右の四角形ABCDはAD // BCの台形で，**
AB＝DC＝10cm，AD＝6 cm，BC＝16cmです。
次の問いに答えなさい。
(1)　∠ABCの大きさを求めなさい。
(2)　台形ABCDの面積を求めなさい。

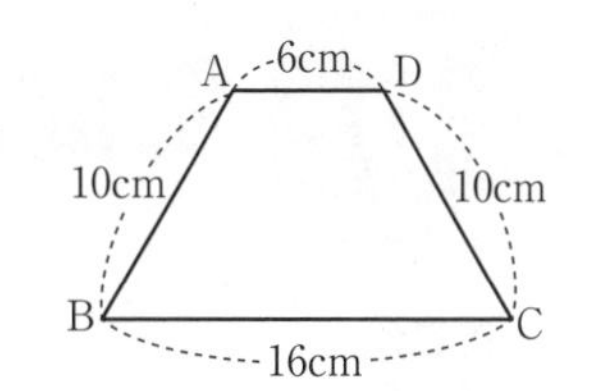

【解き方】

(1)　右の図のように，辺BC上に点E，Fを，AE⊥BC，DF⊥BCとなるようにとる。四角形AEFDは長方形なので，EF＝AD＝6 cm，AE＝DFである。

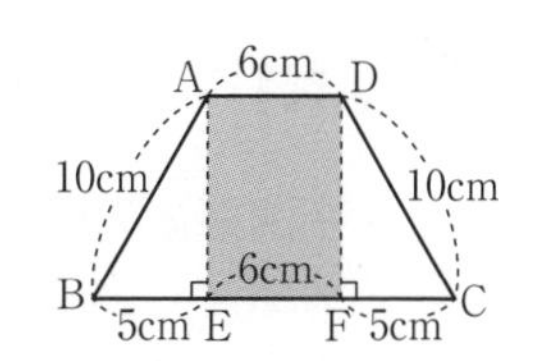

△ABEと△DCFにおいて，

∠AEB＝∠DFC＝90°

AB＝DC＝10 (cm)

AE＝DF

直角三角形の斜辺と他の一辺が等しいから，

△ABE≡△DCF

合同な図形の対応する辺の長さは等しいので，

BE＝CF＝(16－6)÷2＝5 (cm)

△ABEは斜辺が10cmで他の 1 辺が 5 cmの直角三角形だから，

BE：AB：AE＝1：2：$\sqrt{3}$

よって，**∠ABC＝60°**

三平方の定理を用いるために直角三角形を考えよう。

60° 

(2)　(1)より，

BE：AE＝1：$\sqrt{3}$

5：AE＝1：$\sqrt{3}$

AE＝$5\sqrt{3}$ (cm) ←$a：b＝m：n$ならば，$an＝bm$

よって，求める面積は，

$$\frac{1}{2}\times(6+16)\times5\sqrt{3}=55\sqrt{3}\,(\text{cm}^2)$$

$55\sqrt{3}\text{cm}^2$ 

6 空間図形

ここが出題される
空間における直線，平面の位置関係や，立体の体積，表面積の問題など，中学１年生で学習する内容からの出題があります。また，三平方の定理を利用する問題も出されています。

POINT　空間図形

▶空間図形の位置関係

・２平面の位置関係
　※垂直に交わる位置関係にも注意する。

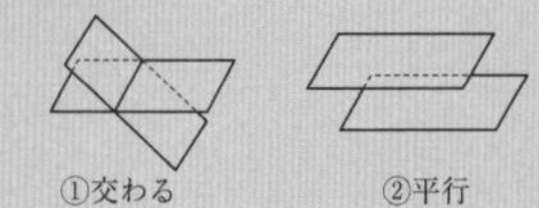

・直線と平面の位置関係

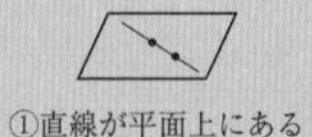

②交わる

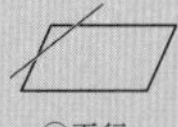

・２直線の位置関係

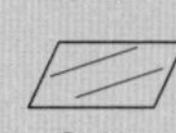

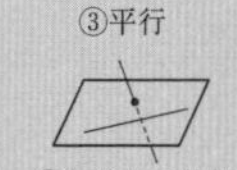

・ねじれの位置
　→２直線が平行でなく，交わらないような位置関係
　（２直線は同じ平面上にない）

▶立体の体積と表面積

・円柱，角柱の体積 $V=Sh$　（S は底面積，h は高さ）
・円錐，角錐の体積 $V=\frac{1}{3}Sh$　（S は底面積，h は高さ）
・球の体積 $V=\frac{4}{3}\pi r^3$　（rは球の半径）
・円柱，角柱の表面積 $S=$（底面積）$\times 2+$（側面積）
・円錐，角錐の表面積 $S=$（底面積）$+$（側面積）
・球の表面積 $S=4\pi r^2$　（r は球の半径）

▶空間図形における三平方の定理の利用

・円錐…頂点から，底面の中心に垂線を引く。
　→母線と垂線と底面の半径を３辺とする直角三角形について，三平方の定理を利用する。
・正四角錐…頂点から，底面の正方形の対角線の交点に垂線を引く。
　→三平方の定理を利用する。

例題

右の図は，AB＝AC＝AD＝AE＝5 cmの正四角錐で，底面の正方形の1辺は6 cmです。点Hは底面の正方形の対角線の交点です。次の問いに答えなさい。

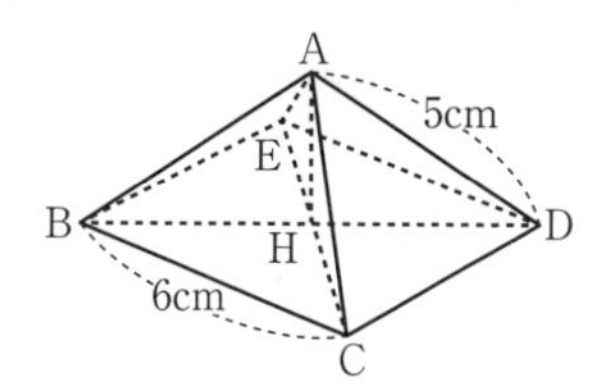

(1)　線分BHの長さを求めなさい。

(2)　体積を求めなさい。

(3)　表面積を求めなさい。

解答・解説

(1)　△BCDは∠BCD＝90°の直角二等辺三角形だから，

$BC : CD : BD = 1 : 1 : \sqrt{2}$

$6 : BD = 1 : \sqrt{2}$

$BD = 6\sqrt{2}$ (cm)　← $a : b = m : n$ ならば，$an = bm$

点Hは線分BDの中点だから，$BH = \frac{1}{2} \times BD = 3\sqrt{2}$ (cm)　答

(2)　直角三角形ABHについて，三平方の定理より，

$AB^2 = AH^2 + BH^2$

$AH^2 = 5^2 - (3\sqrt{2})^2 = 7$

$AH > 0$ より，$AH = \sqrt{7}$ (cm)

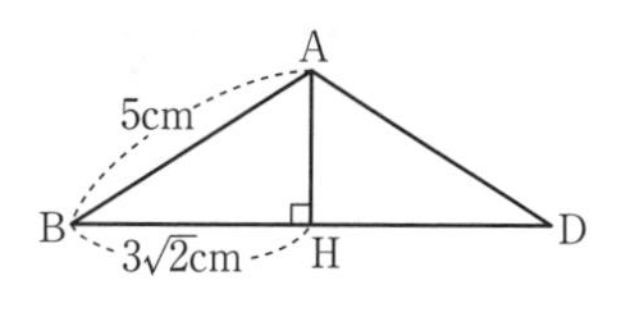

求める体積は，

$\frac{1}{3} \times (6 \times 6) \times \sqrt{7} = 12\sqrt{7}$ (cm^3)　答

(3)　辺BCの中点をMとすると，BM＝3 cmより，△ABMは斜辺が5 cmで他の1辺が3 cmの直角三角形だから，

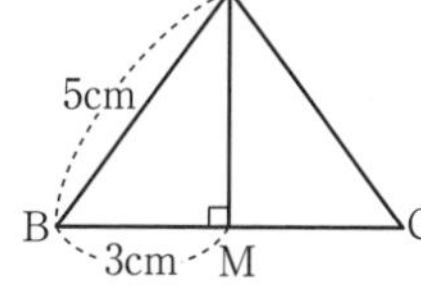

$BM : AM : AB = 3 : 4 : 5$

$AM = 4$ (cm)

求める表面積は，

$6 \times 6 + \left(\frac{1}{2} \times 6 \times 4\right) \times 4 = 36 + 48 = 84$ (cm^2)　答

A チャレンジ問題

得点　　全9問

解き方と解答 162〜164ページ

1 右の図のように，半径6cmの球と，その球がちょうど入る円柱があります。次の問いに答えなさい。

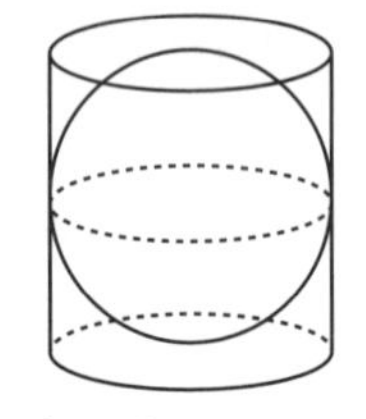

(1) 円柱の体積を求めなさい。

(2) 円柱と球の体積の比を，もっとも簡単な整数の比で表しなさい。

(3) 円柱の側面積を求めなさい。

(4) 円柱と球の表面積の比を，もっとも簡単な整数の比で表しなさい。

2 右の図は，すべての側面が1辺6cmの正三角形である正四角錐で，点Hは底面の正方形の対角線の交点です。次の問いに答えなさい。

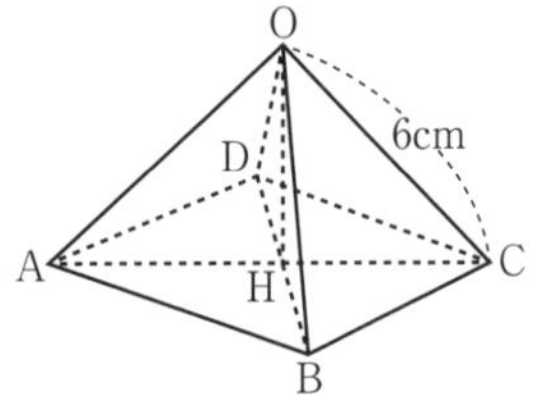

(1) 辺OBとねじれの位置にある辺を，すべて答えなさい。

(2) ∠AOCと∠OACの大きさを求めなさい。

(3) 線分OHの長さを求めなさい。

(4) 体積を求めなさい。

(5) 表面積を求めなさい。

B チャレンジ問題

得点

全8問

解き方と解答 165～167ページ

1 右の図は，底面が１辺８cmの正三角形で高さが10cmの正三角柱です。次の問いに答えなさい。

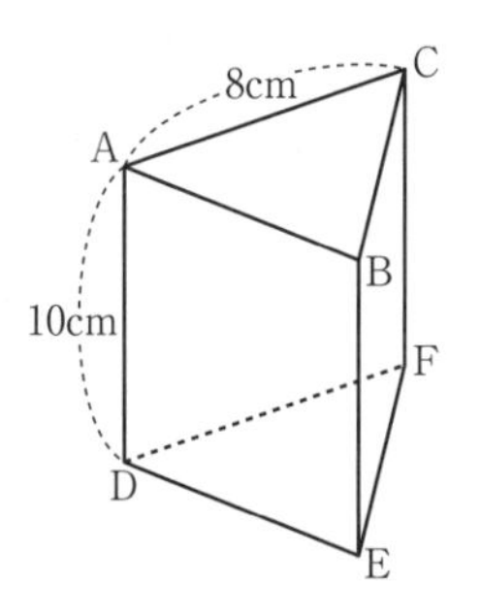

(1) 直線ADと垂直な直線を，すべて答えなさい。

(2) 辺ABとねじれの位置にある辺を，すべて答えなさい。

(3) 体積を求めなさい。

(4) 表面積を求めなさい。

2 右の図は，OA＝OB＝OC＝ODの正四角錐で，底面の１辺は10cmです。点Hは底面の正方形の対角線の交点です。辺BC上に点IをOI⊥BCになるようにとると，OI＝13cmでした。次の問いに答えなさい。

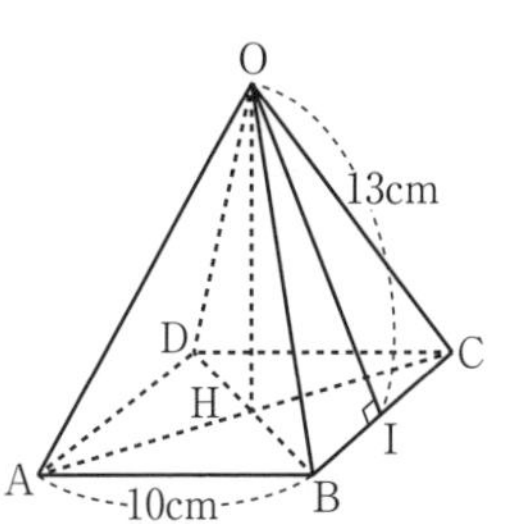

(1) 表面積を求めなさい。

(2) 線分HIの長さを求めなさい。

(3) 線分OHの長さを求めなさい。

(4) 体積を求めなさい。

解き方と解答

1 右の図のように，半径6cmの球と，その球がちょうど入る円柱があります。次の問いに答えなさい。

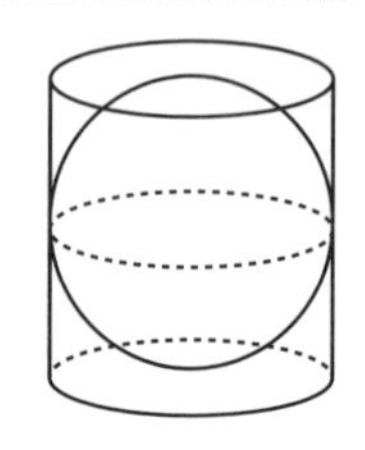

(1)　円柱の体積を求めなさい。

(2)　円柱と球の体積の比を，もっとも簡単な整数の比で表しなさい。

(3)　円柱の側面積を求めなさい。

(4)　円柱と球の表面積の比を，もっとも簡単な整数の比で表しなさい。

【解き方】

(1)　底面の円の半径は球の半径6cmで，高さは球の直径12cmだから，体積は，

$(\pi \times 6^2) \times 12 = 432\pi\ (\text{cm}^3)$

$432\pi\ \text{cm}^3$ **解答**

(2)　球の体積は，

$\dfrac{4}{3} \times \pi \times 6^3 = 288\pi\ (\text{cm}^3)$

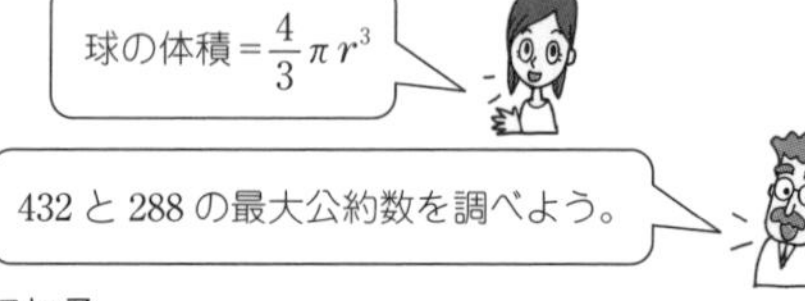

求める比は，

$432\pi : 288\pi = 3 : 2$ ←144πでわる。

3：2 **解答**

(3)　展開図の長方形は，横が底面の円周で，縦が円柱の高さだから，

$(2\pi \times 6) \times 12 = 144\pi\ (\text{cm}^2)$

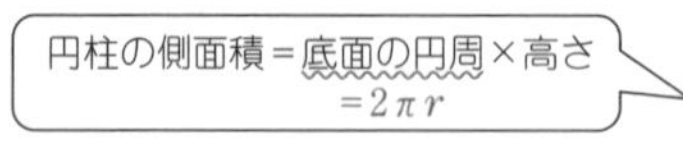

$144\pi\ \text{cm}^2$ **解答**

(4)　(3)より，円柱の表面積は，

$(\pi \times 6^2) \times 2 + 144\pi = 216\pi\ (\text{cm}^2)$

球の表面積は，

$4 \times \pi \times 6^2 = 144\pi\ (\text{cm}^2)$

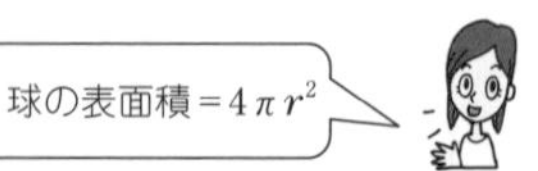

求める比は,

$216\pi : 144\pi = 3 : 2$ ←72πでわる。

3：2 解答

2 右の図は，すべての側面が1辺6 cmの正三角形である正四角錐で，点Hは底面の正方形の対角線の交点です。次の問いに答えなさい。

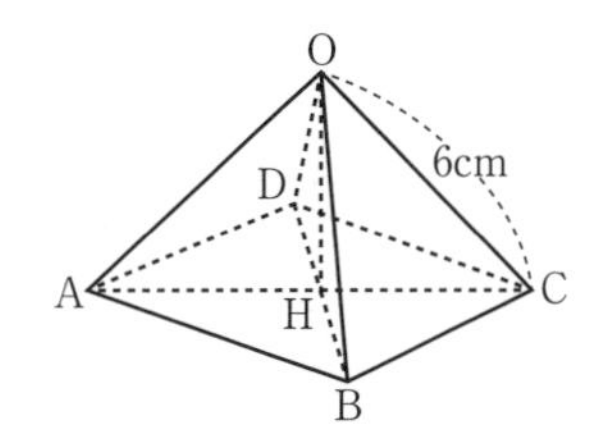

(1) 辺OBとねじれの位置にある辺を，すべて答えなさい。

(2) ∠AOCと∠OACの大きさを求めなさい。

(3) 線分OHの長さを求めなさい。

(4) 体積を求めなさい。

(5) 表面積を求めなさい。

【解き方】

(1) 辺OBと平行な辺はない。辺OBと交わる辺は，辺OA，OC，OD，AB，BCである。残りの辺AD，CDは辺OBと同一平面上にないから，辺OBとねじれの位置にあるのは，辺ADと辺CDである。

辺AD，辺CD 解答

(2) △AOCと△ABCにおいて，

AO＝AB＝6 cm

OC＝BC＝6 cm

ACは共通

3組の辺がそれぞれ等しいから，

△AOC≡△ABC

△ABCは直角二等辺三角形だから，△AOCも直角二等辺三角形である。

$\angle AOC = \angle ABC = 90°$，$\angle OAC = \angle BAC = 45°$

$\angle AOC = 90°$，$\angle OAC = 45°$ 解答

(3)　△AOCは直角二等辺三角形だから,

$AO : OC : AC = 1 : 1 : \sqrt{2}$

$6 : AC = 1 : \sqrt{2}$

$AC = 6\sqrt{2}$ (cm) ←$a : b = m : n$ ならば, $an = bm$

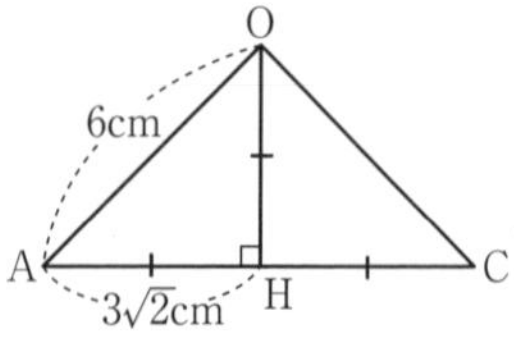

点HはACの中点だから,

$AH = \frac{1}{2} \times AC = 3\sqrt{2}$ (cm)

(2)より∠OAC＝45°で, また∠OHA＝90°である。△OAHも直角二等辺三角形だから,

$OH = AH = 3\sqrt{2}$ (cm)

$3\sqrt{2}$cm 解答

(4)　(3)より, 求める体積は,

$\frac{1}{3} \times (6 \times 6) \times 3\sqrt{2} = 36\sqrt{2}$ (cm^3)

$36\sqrt{2}$cm^3 解答

(5)　辺ABの中点をMとすると, AM＝3 cm, ∠AMO＝90°であり, △OAMは斜辺が6 cmで他の1辺が3 cmの直角三角形だから,

$AM : OA : OM = 1 : 2 : \sqrt{3}$

$3 : OM = 1 : \sqrt{3}$

$OM = 3\sqrt{3}$ (cm) ←$a : b = m : n$ ならば, $an = bm$

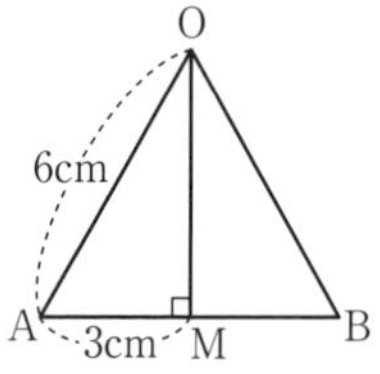

よって, 求める表面積は,

$6 \times 6 + \left(\frac{1}{2} \times 6 \times 3\sqrt{3}\right) \times 4 = 36 + 36\sqrt{3}$ (cm^2)

$(36 + 36\sqrt{3})$cm^2 解答

B 解き方と解答

問題 161ページ

1 右の図は，底面が1辺8cmの正三角形で高さが10cmの正三角柱です。次の問いに答えなさい。

(1) 直線ADと垂直な直線を，すべて答えなさい。

(2) 辺ABとねじれの位置にある辺を，すべて答えなさい。

(3) 体積を求めなさい。

(4) 表面積を求めなさい。

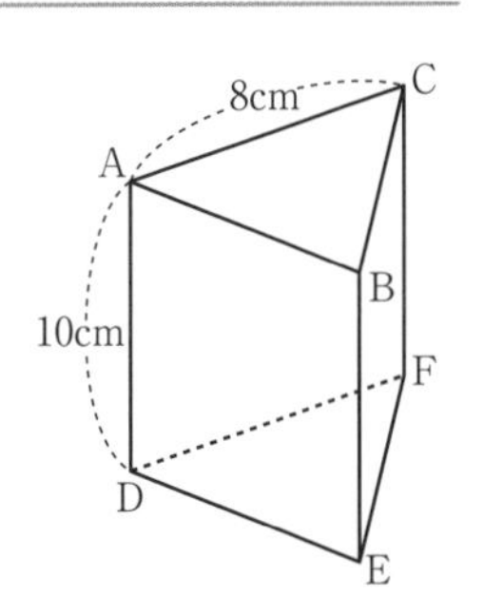

【解き方】

(1) 側面は長方形だから，辺ADと垂直な辺は，辺AB，AC，DE，DFである。よって直線ADと垂直な直線は，直線AB, AC, DE, DFである。

直線AB，直線AC，直線DE，直線DF 解答

(2) 辺ABと平行な辺は，辺DEである。辺ABと交わる辺は，辺AC，AD，BC，BEである。残りの辺CF，DF，EFは，辺ABと同一平面上にない。辺ABとねじれの位置にあるのは，辺CF，DF，EFである。

辺CF，辺DF，辺EF 解答

(3) 点Cから辺ABに垂線を引き，その交点をHとすると，△CAHは∠CAH＝60°，∠AHC=90°の直角三角形だから，

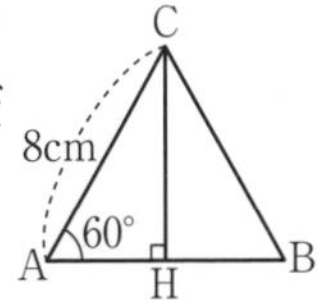

$AH : AC : CH = 1 : 2 : \sqrt{3}$

$8 : CH = 2 : \sqrt{3}$

$2CH = 8\sqrt{3}$ ← $a : b = m : n$ ならば，$an = bm$

$CH = 4\sqrt{3}$

よって，求める体積は，

$\left(\frac{1}{2} \times 8 \times 4\sqrt{3}\right) \times 10 = 160\sqrt{3}\,(\text{cm}^3)$

$160\sqrt{3}\,\text{cm}^3$ 解答

(4)　求める表面積は，

$$\left(\frac{1}{2}\times 8\times 4\sqrt{3}\right)\times 2+(8\times 10)\times 3=32\sqrt{3}+240\,(\mathrm{cm}^2)$$

$(32\sqrt{3}+240)$ cm^2 解答

---

2 **右の図は，OA＝OB＝OC＝ODの正四角錐で，底面の１辺は10cmです。点Hは底面の正方形の対角線の交点です。辺BC上に点ⅠをOI⊥BCになるようにとると，OI＝13cmでした。次の問いに答えなさい。**

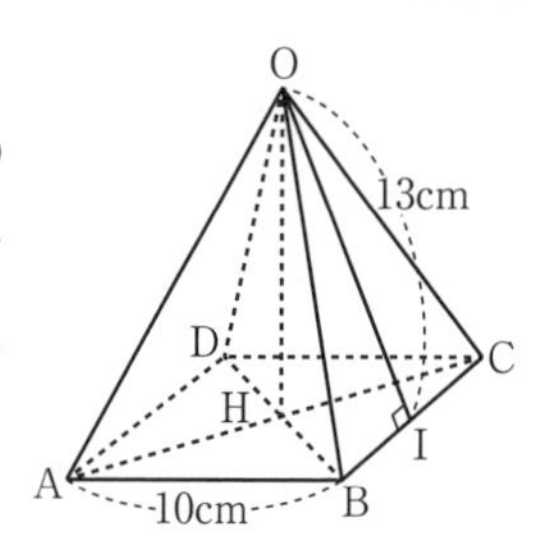

(1)　表面積を求めなさい。

(2)　線分HIの長さを求めなさい。

(3)　線分OHの長さを求めなさい。

(4)　体積を求めなさい。

【解き方】

(1)　求める表面積は，

$$10\times 10+\left(\frac{1}{2}\times 10\times 13\right)\times 4=100+260=360\ (\mathrm{cm}^2)$$

360cm^2 解答

(2)　二等辺三角形OBCの頂点Oから辺BCに引いた垂線は，辺BCの垂直二等分線である。

よって，△IBHは∠BIH＝90°の直角二等辺三角形だから，

HI：IB：HB＝1：1：$\sqrt{2}$

HI＝IB

$$=\frac{1}{2}\times \mathrm{BC}$$

$$=\frac{1}{2}\times 10=5\ (\mathrm{cm})$$

2辺PQ，PRの中点をそれぞれM，Nとすると，MN//QR，MN＝$\frac{1}{2}$QRが成り立ちます。この**中点連結定理**を使ってもいいですね。

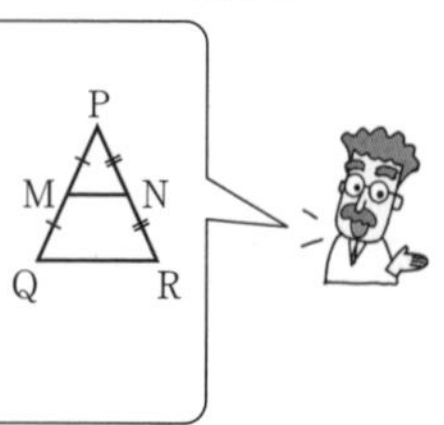

5 cm 解答

(3)　△OHIは斜辺が13cmで他の1辺が5cmの直角三角形だから，

HI：OH：OI＝5：12：13

OH＝12（cm）

12cm 解答

(4)　求める体積は，

$$\frac{1}{3}\times(10\times10)\times12=400\ (\text{cm}^3)$$

400cm³ 解答

これだけは覚えておこう

〈立体の体積と表面積〉

- 円柱，角柱の体積 $V=Sh$　（Sは底面積，hは高さ）
- 円錐，角錐の体積 $V=\frac{1}{3}Sh$　（Sは底面積，hは高さ）
- 球の体積 $V=\frac{4}{3}\pi r^3$　（rは球の半径）
- 円柱，角柱の表面積 $S=$（底面積）×2＋（側面積）
- 円錐，角錐の表面積 $S=$（底面積）＋（側面積）
- 球の表面積 $S=4\pi r^2$　（rは球の半径）

これだけは覚えておこう

〈円柱の側面積〉

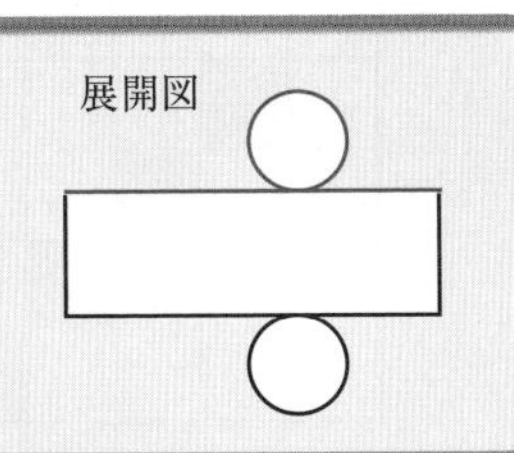

底面の円周＝側面の展開図の横の長さ

円柱の側面積＝横の長さ×高さ

＝底面の円周×高さ

7 確　率

ここが出題される

確率の問題では，樹形図だけでなく表に整理することで，すべての場合を考えやすくなるものもよく出題されています。条件に応じて表を使い分けられるようにしましょう。

POINT 表を利用してもれなく調べる

▶表を利用して，起こり方をもれなく調べ，確率を求める

・問題の種類に応じて，表のまとめ方の違いを理解する。

▶並べ方の問題

・同じものを2つ選べないとき，表1のようにする。

例　1から4までの数字が書かれた4枚のカードから，1枚目のカードを選んでA，2枚目のカードを選んでBとする。→表1

▶組み合わせ方の問題

・同じものを2つ選べず，選んだ2つに区別をつけないとき，表2のようにする。

例　1から4までの数字が書かれた4枚のカードから，同時に2枚のカードを選ぶ。→表2

▶2つの異なる選び方から同時に1つずつ選ぶ問題

・一方の選び方それぞれに対して，もう一方の選び方が考えられるとき，表3のようにする。

例　1から4までの数字が書かれた4枚のカードから1枚，5から8までの数字が書かれた4枚のカードから1枚を選ぶ。→表3

表1　選び方12通り

A＼B	1	2	3	4
1				
2				
3				
4				

表2　選び方6通り

	1	2	3	4
1				
2				
3				
4				

表3　選び方16通り

	5	6	7	8
1				
2				
3				
4				

次の問いに答えなさい。ただし，どのカードを選ぶことも同様に確からしいものとします。

(1)　1，2，3，4の数字が書かれたカードが1枚ずつあります。4枚のカードから2枚選ぶとき，2枚のカードの数の和が偶数になる確率を求めなさい。

(2)　ケースAの中に1，2，3，4の数字が書かれたカードが1枚ずつあり，ケースBの中に5，6，7，8の数字が書かれたカードが1枚ずつあります。2つのケースからそれぞれ1枚ずつ選ぶとき，2枚のカードの数の積が15以上25以下の偶数になる確率を求めなさい。

(3)　1，2，3，4の数字が書かれたカードが1枚ずつあります。4枚のカードから続けて2枚選び，1枚目のカードの数を十の位とし，2枚目のカードの数を一の位として，2けたの整数をつくります。その数が3の倍数になる確率を求めなさい。

解答・解説

(1)　2つの数を組み合わせるから，右の表で考える。2枚の選び方が6通りで，偶数が2通りあるから，求める確率は，

$\frac{2}{6}=\frac{1}{3}$　　　$\frac{1}{3}$ 答

	1	2	3	4
1		3	4	5
2			5	6
3				7
4				

(2)　AとBの2つの異なるものから1つずつ選ぶから，右の表で考える。2枚の選び方が16通りで，条件を満たす場合が5通りあるから，求める確率は，

$\frac{5}{16}$　　　$\frac{5}{16}$ 答

A＼B	5	6	7	8
1	5	6	7	8
2	10	12	14	16
3	15	18	21	24
4	20	24	28	32

(3)　十の位と一の位の数を並べるから，右の表で考える。2けたの数は12通りで，3の倍数は4通りある。求める確率は

$\frac{4}{12}=\frac{1}{3}$　　　$\frac{1}{3}$ 答

十＼一	1	2	3	4
1		12	13	14
2	21		23	24
3	31	32		34
4	41	42	43	

A チャレンジ問題

得点
全７問

解き方と解答 172～173ページ

1 箱の中に３本の当たりくじと２本のはずれくじが入っています。次の問いに答えなさい。ただし，どのくじを引くことも，同様に確からしいものとします。

(1) １本のくじを引くとき，そのくじが当たりくじである確率を求めなさい。

(2) 同時に２本のくじを引くとき，２本とも当たりくじである確率を求めなさい。

(3) 続けて２本引くとき，１本目がはずれくじで２本目が当たりくじである確率を求めなさい。

(4) １回目に引いた結果を確認してくじをもどし，２回目を引きます。少なくとも１本は当たりくじである確率を求めなさい。

2 1，2，3，4，5の数字が書かれたカードが１枚ずつあります。次の問いに答えなさい。ただし，どのカードを選ぶことも同様に確からしいものとします。

(1) ２枚のカードを選ぶとき，カードの数の積が奇数になる確率を求めなさい。

(2) ２枚のカードを選ぶとき，カードの数の和が３の倍数になる確率を求めなさい。

(3) カードを続けて２枚選び，１枚目のカードの数を十の位とし，２枚目のカードの数を一の位として２けたの整数をつくります。その整数が素数になる確率を求めなさい。

B チャレンジ問題

得点

全6問

解き方と解答 174～175ページ

1 袋の中に赤球3個，白球2個，青球1個の合計6個の球が入っています。次の問いに答えなさい。ただし，どの球を取り出すことも，同様に確からしいものとします。

(1) 2個の球を取り出すときに，赤球を取り出さない確率を求めなさい。

(2) 続けて2個取り出すときに，1個目に青球，2個目に赤球を取り出す確率を求めなさい。

(3) 1個目に取り出した結果を確認して球をもどし，2個目を取り出します。1個目に赤球，2個目に白球を取り出す確率を求めなさい。

2 Aのケースの中に6，7，8，9の数字が書かれたカードが1枚ずつあり，Bのケースの中に1，2，3，3，4の数字が書かれたカードが1枚ずつあります。2つのケースから，それぞれ1枚のカードを選ぶとき，次の問いに答えなさい。ただし，どのカードを選ぶことも同様に確からしいものとします。

(1) 選んだカードの数の和が4の倍数である確率を求めなさい。

(2) Aから選んだカードの数をaとし，Bから選んだカードの数をbとします。$\frac{a}{b}$が整数になる確率を求めなさい。

(3) Aから選んだカードの数を十の位とし，Bから選んだカードの数を一の位として2けたの整数をつくります。その整数が素数になる確率を求めなさい。

A 解き方と解答

問題 170ページ

1 箱の中に3本の当たりくじと2本のはずれくじが入っています。次の問いに答えなさい。ただし，どのくじを引くことも，同様に確からしいものとします。

(1) 1本のくじを引くとき，そのくじが当たりくじである確率を求めなさい。

(2) 同時に2本のくじを引くとき，2本とも当たりくじである確率を求めなさい。

(3) 続けて2本引くとき，1本目がはずれくじで2本目が当たりくじである確率を求めなさい。

(4) 1回目に引いた結果を確認してくじをもどし，2回目を引きます。少なくとも1本は当たりくじである確率を求めなさい。

【解き方】

(1) 合計5本のくじから3本の当たりくじを引く確率は，$\frac{3}{5}$

$\frac{3}{5}$ 解答

(2) 右の表より，くじの引き方は10通りで，2本とも当たりくじである場合が3通りだから，求める確率は，$\frac{3}{10}$

$\frac{3}{10}$ 解答

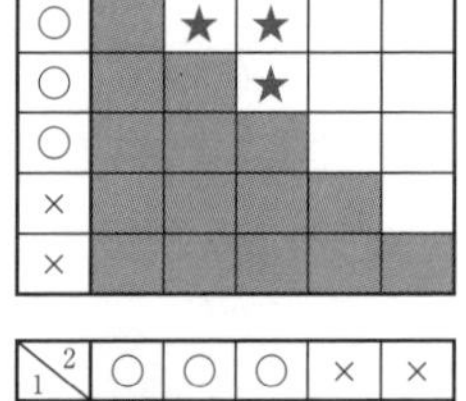

(3) 右の表より，くじの引き方は20通りで，1本目がはずれくじで，2本目が当たりくじである場合が6通りだから，求める確率は，

$\frac{6}{20}=\frac{3}{10}$

$\frac{3}{10}$ 解答

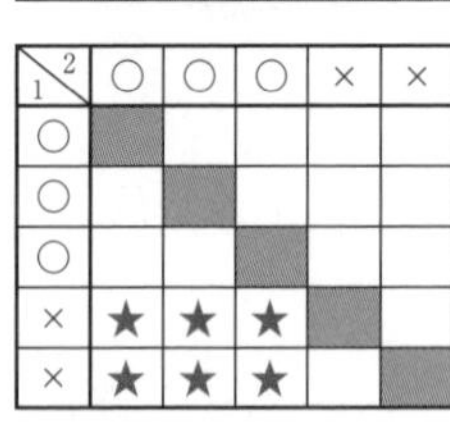

(4) 2回目も同じくじを引く場合があるから，右の表より，「2本ともはずれくじである」が起こらないのは(25－4＝) 21通りあるから，求める確率は，$\frac{21}{25}$

$\frac{21}{25}$ 解答

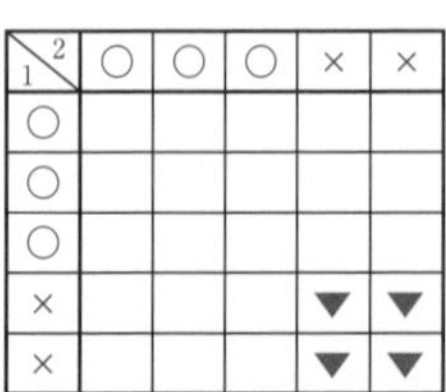

2 1, 2, 3, 4, 5の数字が書かれたカードが1枚ずつあります。次の問いに答えなさい。ただし，どのカードを選ぶことも同様に確からしいものとします。

(1)　2枚のカードを選ぶとき，カードの数の積が奇数になる確率を求めなさい。

(2)　2枚のカードを選ぶとき，カードの数の和が3の倍数になる確率を求めなさい。

(3)　カードを続けて2枚選び，1枚目のカードの数を十の位とし，2枚目のカードの数を一の位として2けたの整数をつくります。その整数が素数になる確率を求めなさい。

【解き方】

(1)　右の表より，カードの選び方は10通りで，積が奇数になる場合が3通りだから，求める確率は，$\frac{3}{10}$

$\frac{3}{10}$ 解答

	1	2	3	4	5
1		2	3	4	5
2			6	8	10
3				12	15
4					20
5					

(2)　右の表より，カードの選び方は10通りで，和が3の倍数になる場合が4通りだから，求める確率は，

$$\frac{4}{10}=\frac{2}{5}$$

$\frac{2}{5}$ 解答

	1	2	3	4	5
1		3	4	5	6
2			5	6	7
3				7	8
4					9
5					

(3)　右の表より，カードの選び方は20通りで，2けたの整数が素数になる場合が6通りだから，求める確率は，

$$\frac{6}{20}=\frac{3}{10}$$

51は3の倍数ですね。

$\frac{3}{10}$ 解答

十＼一	1	2	3	4	5
1		12	13	14	15
2	21		23	24	25
3	31	32		34	35
4	41	42	43		45
5	51	52	53	54	

B 解き方と解答

問題 171ページ

1 袋の中に赤球３個，白球２個，青球１個の合計６個の球が入っています。次の問いに答えなさい。ただし，どの球を取り出すことも，同様に確からしいものとします。

(1)　２個の球を取り出すときに，赤球を取り出さない確率を求めなさい。

(2)　続けて２個取り出すときに，１個目に青球，２個目に赤球を取り出す確率を求めなさい。

(3)　１個目に取り出した結果を確認して球をもどし，２個目を取り出します。１個目に赤球，２個目に白球を取り出す確率を求めなさい。

【解き方】

(1)　右の表より，球の取り出し方は15通りで，赤球を取り出さない場合が３通りだから，求める確率は，

$\frac{3}{15}=\frac{1}{5}$　　　$\frac{1}{5}$ 解答

	赤	赤	赤	白	白	青
赤	■					
赤	■	■				
赤	■	■	■			
白	■	■	■	■	★	★
白	■	■	■	■	■	★
青	■	■	■	■	■	■

(2)　右の表より，球の取り出し方は30通りで，１個目に青球，２個目に赤球を取り出す場合が３通りだから，求める確率は，

$\frac{3}{30}=\frac{1}{10}$　　　$\frac{1}{10}$ 解答

1＼2	赤	赤	赤	白	白	青
赤	■					
赤		■				
赤			■			
白				■		
白					■	
青	★	★	★			■

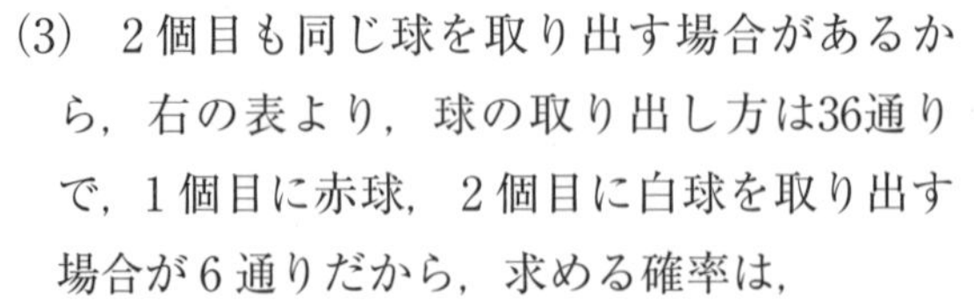

(3)　２個目も同じ球を取り出す場合があるから，右の表より，球の取り出し方は36通りで，１個目に赤球，２個目に白球を取り出す場合が６通りだから，求める確率は，

$\frac{6}{36}=\frac{1}{6}$　　　$\frac{1}{6}$ 解答

1＼2	赤	赤	赤	白	白	青
赤				★	★	
赤				★	★	
赤				★	★	
白						
白						
青						

2 Aのケースの中に6, 7, 8, 9の数字が書かれたカードが1枚ずつあり，Bのケースの中に1，2，3，3，4の数字が書かれたカードが1枚ずつあります。2つのケースから，それぞれ1枚のカードを選ぶとき，次の問いに答えなさい。ただし，どのカードを選ぶことも同様に確からしいものとします。

(1)　選んだカードの数の和が4の倍数である確率を求めなさい。

(2)　Aから選んだカードの数をaとし，Bから選んだカードの数をbとします。$\dfrac{a}{b}$が整数になる確率を求めなさい。

(3)　Aから選んだカードの数を十の位とし，Bから選んだカードの数を一の位として2けたの整数をつくります。その整数が素数になる確率を求めなさい。

【解き方】

全問ともに，2つの異なるものから同時に1つずつ選ぶ問題で，カードの選び方は20通りである。

(1)　右の表より，選んだカードの数の和が4の倍数になる場合が5通りだから，求める確率は，

$$\frac{5}{20}=\frac{1}{4}$$

$\dfrac{1}{4}$ 解答

A＼B	1	2	3	3	4
6	7	8	9	9	10
7	8	9	10	10	11
8	9	10	11	11	12
9	10	11	12	12	13

(2)　右の表より，$\dfrac{a}{b}$が整数になる場合が11通りだから，求める確率は，$\dfrac{11}{20}$

$\dfrac{11}{20}$ 解答

a＼b	1	2	3	3	4
6	6	3	2	2	$\frac{3}{2}$
7	7	$\frac{7}{2}$	$\frac{7}{3}$	$\frac{7}{3}$	$\frac{7}{4}$
8	8	4	$\frac{8}{3}$	$\frac{8}{3}$	2
9	9	$\frac{9}{2}$	3	3	$\frac{9}{4}$

(3)　右の表より，2けたの整数が素数になる場合が6通りだから，求める確率は，

$$\frac{6}{20}=\frac{3}{10}$$

91は7の倍数ですね。

$\dfrac{3}{10}$ 解答

A＼B	1	2	3	3	4
6	61	62	63	63	64
7	71	72	73	73	74
8	81	82	83	83	84
9	91	92	93	93	94

8 データの活用

ここが出題される 度数分布表や箱ひげ図から，データを読み取ったりデータを比較したりして活用しましょう。累積度数，相対度数，累積相対度数，四分位数について，理解を深めましょう。

POINT 1

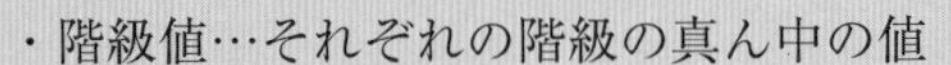

▶度数分布表

・階級値…それぞれの階級の真ん中の値
・度数分布表から読み取る最頻値…度数がもっとも多い階級の階級値
・累積度数…最初の階級からその階級までの度数の合計
・相対度数…各階級の度数の全体に対する割合(度数の合計でわった商)
・累積相対度数…最初の階級からその階級までの相対度数の合計

右の表は，クラス25人のペンケースの重さを調べて，度数分布表にまとめたものです。次の問いに答えなさい。

重さ(g)	度数(人)
0以上～150未満	2
150 ～300	5
300 ～450	6
450 ～600	9
600 ～750	3
合計	25

(1)　150g以上300g未満の階級の相対度数を求めなさい。
(2)　最頻値を求めなさい。
(3)　300g以上450g未満の階級までの累積相対度数を求めなさい。

解答・解説

(1)　度数が5だから，求める相対度数は，$5 \div 25 = 0.20$　答

(2)　もっとも度数が多い階級の階級値だから，求める最頻値は，
$(450 + 600) \div 2 = 525$(g)　答

(3)　累積度数が$(2 + 5 + 6 =)$ 13だから，累積相対度数は，
$13 \div 25 = 0.52$　答

POINT 2 四分位数と箱ひげ図

▶四分位数

・データを小さい順に並べ，全体を4等分した位置の3つの値。

・値の小さい順に，第1四分位数，第2四分位数，第3四分位数という。中央値を境に前半部分と後半部分に分けると，第1四分位数は前半部分の中央値，第2四分位数はデータ全体の中央値，第3四分位数は後半部分の中央値である。

▶四分位範囲と（分布の）範囲

・四分位範囲＝第3四分位数－第1四分位数

・（分布の）範囲＝最大値－最小値

▶箱ひげ図

・①…最小値，②…第1四分位数，
③…第2四分位数（中央値），
④…第3四分位数，⑤…最大値
を右のように箱とひげで表した図。

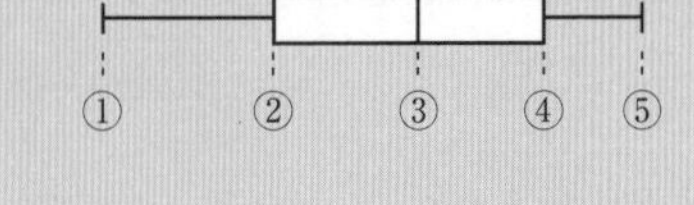

・四分位範囲は中央値付近のほぼ50％のデータを含む区間。

・（分布の）範囲は極端なデータの影響を受けるが，四分位範囲への影響は小さい。

・複数のデータをおおまかに比較しやすい。

例題2

次のアとイのデータについて，①第1四分位数，②第2四分位数，③第3四分位数，④四分位範囲を答えなさい。

ア　2，6，8，8，10，11，13，16，16，17，20，23，25，26

イ　4，7，7，11，12，13，14，15，17，19，21，24

解答・解説

データを4等分する。赤い数字または▼の左右2つのデータの値の平均が四分位数を表す。

ア　2，6，8，8，10，11，13▼16，16，17，20，23，25，26

イ　4，7，7▼11，12，13▼14，15，17▼19，21，24

ア　①8　②14.5　③20　④（20－8＝）12　答

イ　①9　②13.5　③18　④（18－9＝）9　答

A チャレンジ問題

得点
全6問

解き方と解答 180〜181ページ

1 右の表は，あるクラスの生徒25人の握力の記録を度数分布表に表したものです。次の問いに答えなさい。

握力の記録

階級(kg)	度数(人)
5以上〜15未満	3
15 〜25	8
25 〜35	7
35 〜45	5
45 〜55	2
合計	25

(1) 最頻値を求めなさい。

(2) 25kg以上35kg未満の階級の相対度数を求めなさい。

(3) 中央値を含む階級を求めなさい。

(4) 15kg以上25kg未満の階級までの累積相対度数を求めなさい。

2 次のデータについて，箱ひげ図をかき入れなさい。

2，3，4，7，7，8，10，11，12，13，13，14，17，18，18，19

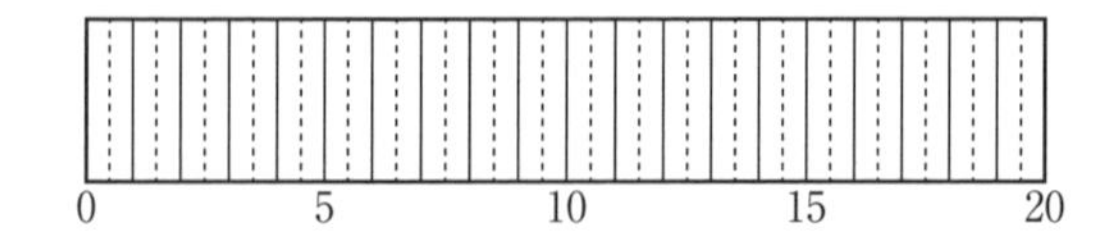

3 データの数，最小値，最大値，中央値がともに等しい２種類のデータを，下の図１，図２の箱ひげ図にまとめました。また，図３，図４は，この２種類のデータのどちらかを，それぞれヒストグラムにまとめたものです。図１の箱ひげ図にまとめられたデータをヒストグラムにしたものを，図３，図４の中から選びなさい。

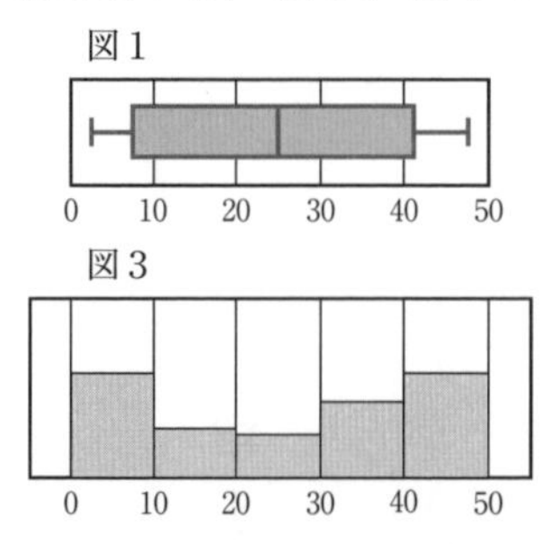

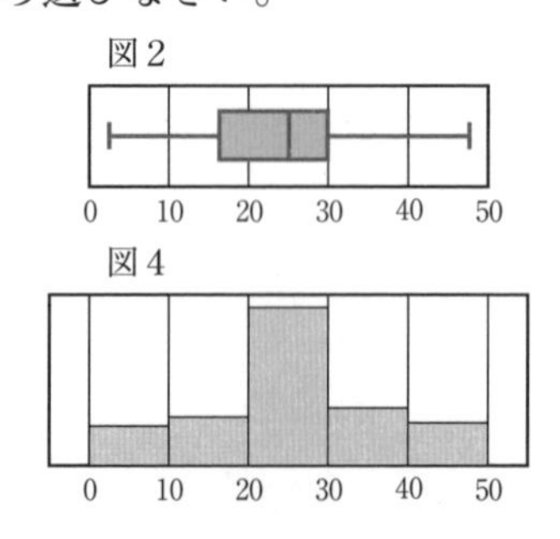

B チャレンジ問題

得点

全5問

解き方と解答 182〜183ページ

1 右の表は，あるクラスの生徒20人の立ち幅とびの記録を度数分布表に表したものです。次の問いに答えなさい。

立ち幅とびの記録

階級(cm)	度数(人)
140以上〜160未満	2
160 〜180	4
180 〜200	5
200 〜220	6
220 〜240	2
240 〜260	1
合計	20

(1) 中央値を含む階級を求めなさい。

(2) 最頻値を求めなさい。

(3) 180cm以上200cm未満の階級の相対度数を求めなさい。

(4) 220cm以上240cm未満の階級までの累積相対度数を求めなさい。

2 下の箱ひげ図は，A群，B群の２種類のデータを，それぞれまとめたものです。データはA群が26個，B群が25個で，すべてのデータが整数です。２つの箱ひげ図から読み取れる内容が必ず正しいものを，次のア〜オからすべて選びなさい。

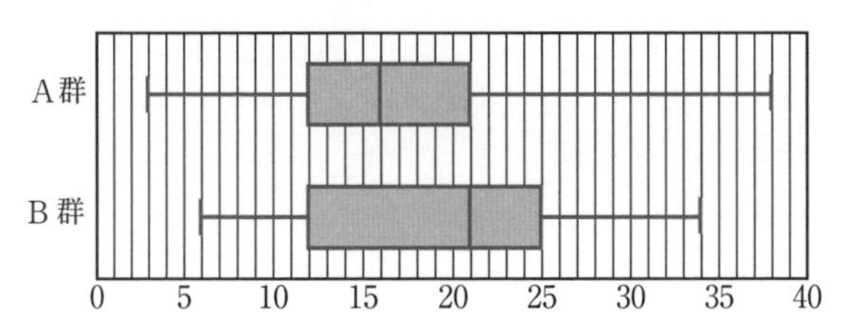

ア　A群には，値が16未満のデータは13個ある。

イ　A群，B群ともに，それぞれの群の中に同じ値のデータが複数ある。

ウ　値が30以上のデータは，B群のほうが多いといえる。

エ　値が21のデータは，A群にあるとは限らない。

オ　データの値は，全体的にB群のほうが大きい。

A 解き方と解答

問題 178ページ

1 右の表は，あるクラスの生徒25人の握力の記録を度数分布表に表したものです。次の問いに答えなさい。

握力の記録

階級(kg)	度数(人)
5以上～15未満	3
15 ～25	8
25 ～35	7
35 ～45	5
45 ～55	2
合計	25

(1) 最頻値を求めなさい。

(2) 25kg以上35kg未満の階級の相対度数を求めなさい。

(3) 中央値を含む階級を求めなさい。

(4) 15kg以上25kg未満の階級までの累積相対度数を求めなさい。

【解き方】

(1) 度数が最大の8である階級の階級値は，

$(15+25)\div 2=20$

20kg 解答

(2) 求める相対度数は，

$7\div 25=0.28$

0.28 解答

(3) 中央値は小さいほうから13番目のデータであるから，25kg以上35kg未満の階級に含まれる。

25kg以上35kg未満の階級 解答

(4) 求める累積相対度数は，

$(3+8)\div 25=0.44$

0.44 解答

2 次のデータについて，箱ひげ図をかき入れなさい。

2，3，4，7，7，8，10，11，12，13，13，14，17，18，18，19

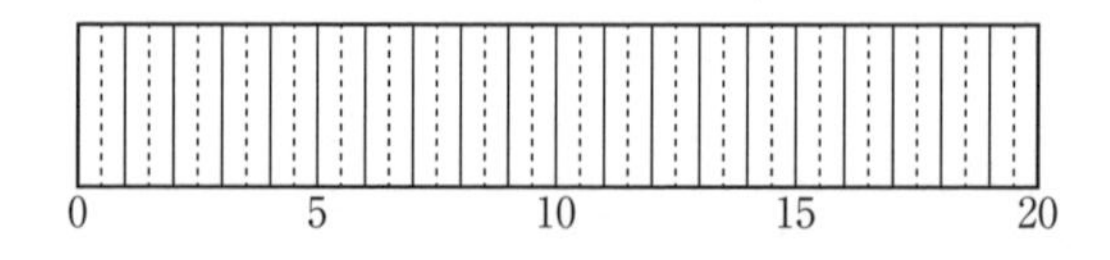

【解き方】

データを4等分すると，四分位数は▼の左右2つのデータの値の平均である。

2，3，4，7▼7，8，10，11▼12，13，13，14▼17，18，18，19

四分位数は小さいほうから7，11.5，15.5，最小値が2，最大値が19とわかる。

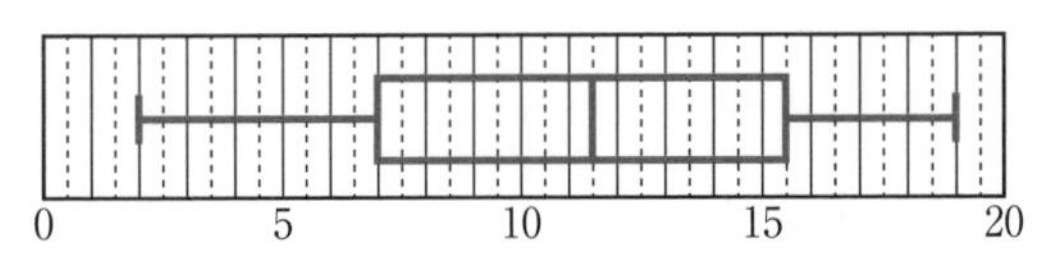

上の図 **解答**

---

3 **データの数，最小値，最大値，中央値がともに等しい2種類のデータを，下の図1，図2の箱ひげ図にまとめました。また，図3，図4は，この2種類のデータのどちらかを，それぞれヒストグラムにまとめたものです。図1の箱ひげ図にまとめられたデータをヒストグラムにしたものを，図3，図4の中から選びなさい。**

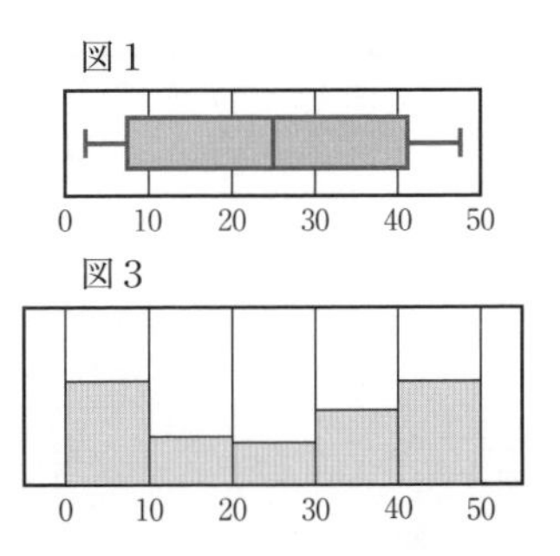

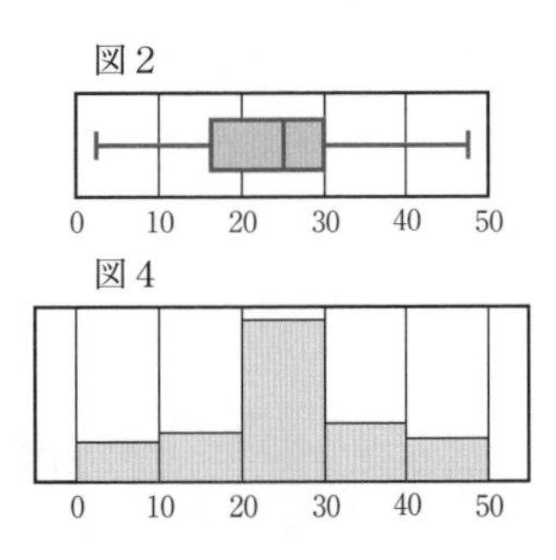

【解き方】

箱の部分が示す四分位範囲には，データの中でも，中央値付近のおよそ50%が含まれる。四分位範囲が広い図1では，50%近くのデータが広い範囲に分布していることがわかるから，図3である。

図3 **解答**

B 解き方と解答

問題 179ページ

1 右の表は，あるクラスの生徒20人の立ち幅とびの記録を度数分布表に表したものです。次の問いに答えなさい。

(1)　中央値を含む階級を求めなさい。

(2)　最頻値を求めなさい。

(3)　180cm以上200cm未満の階級の相対度数を求めなさい。

(4)　220cm以上240cm未満の階級までの累積相対度数を求めなさい。

立ち幅とびの記録

階級(cm)	度数(人)
140以上～160未満	2
160　～180	4
180　～200	5
200　～220	6
220　～240	2
240　～260	1
合計	20

【解き方】

(1)　小さいほうから10番目と11番目のデータは，180cm以上200cm未満の階級に含まれる。　**180cm以上200cm未満の階級**　解答

(2)　度数が最大の6である階級の階級値は，

$(200+220)\div 2=210$　**210cm**　解答

(3)　求める相対度数は，$5\div 20=0.25$　**0.25**　解答

(4)　求める累積相対度数は，

$(2+4+5+6+2)\div 20=0.95$　**0.95**　解答

2 下の箱ひげ図は，A群，B群の2種類のデータを，それぞれまとめたものです。データはA群が26個，B群が25個で，すべてのデータが整数です。2つの箱ひげ図から読み取れる内容が必ず正しいものを，次のア～オからすべて選びなさい。

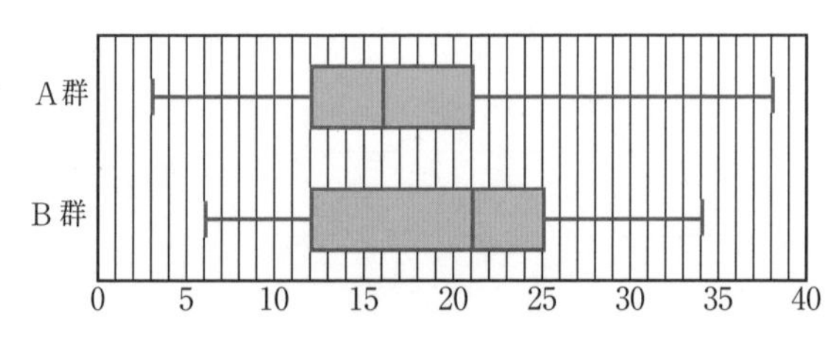

ア　A群には，値が16未満のデータは13個ある。

イ　A群, B群ともに，それぞれの群の中に同じ値のデータが複数ある。

ウ　値が30以上のデータは，B群のほうが多いといえる。

エ　値が21のデータは，A群にあるとは限らない。

オ　データの値は，全体的にB群のほうが大きい。

【解き方】

ア　A群のデータの数が26個で中央値が16だから，データを４等分すると，

A群 … 3○○○○○12○○○○○○15▼17○○○○○21○○○○○○38

になるような場合は16未満のデータの数は13個になるが，

A群 … 3○○○○○12○○○○○○16▼16○○○○○21○○○○○○38

になるような場合は16未満のデータの数は12個以下になるから，必ずしも正しいとは限らない。

イ　アより，複数のデータにならないように，A群の13番目のデータが15と考えるとき，７番目のデータが12で，(15－12＝)3の範囲に６個のデータがあるから，同じ値のデータは複数ある。

同様に，B群のデータを19番目のデータが24，20番目のデータが26と仮定して４等分すると，

B群 … 6○○○○○▼○○○○○○21○○○○○24▼26○○○○34

(24－21＝) 3 の範囲に６個のデータがあるから，同じ値のデータは複数ある。19番目と20番目のデータがともに25のときは，明らかに正しい。よって，正しい。

ウ　どちらも，値が30以上のデータの数が６個以下であることしかわからないから，必ずしも正しいとは限らない。

エ　ア，イの４等分されたデータから，A群，B群ともに値が21のデータがあることがわかる。正しくない。

オ　四分位数の大きさで判断する。第１四分位数は同じだが，第２四分位数（中央値）と第３四分位数はB群のほうが大きいので，データの値は，全体的にB群のほうが大きい。正しい。

イ，オ　解答

数理技能検定（2次）対策

9 標本調査

ここが出題される

母集団から無作為に抽出した標本を調べ，その結果をもとに，母集団全体の性質を推定するのが標本調査です。数が何を表しているかを正しく読み取り，推定できるようにしましょう。

POINT　標本調査

▶**標本調査**

- 全数調査…集団すべてを対象として調査すること（国勢調査など）
- 標本調査…集団の一部を対象として調査すること
- 母集団…調査の対象となる集団
- 標本…調査のために母集団から取り出された一部の集団
- 無作為に抽出する…母集団からかたよりなく標本を取り出すこと

例題

ある市の中学１年生4800人から150人を無作為に抽出して，食事についてのアンケートを行ったところ，「好き嫌いがまったくない」と答えたのは，28人でした。市内の中学１年生全体で，「好き嫌いがまったくない」と答える生徒の数を推定し，一の位を四捨五入して答えなさい。

解答・解説

150人の標本調査の結果をもとにして，市内の中学１年生全体で，「好き嫌いがまったくない」と答える生徒の数を推定する。推定する人数をx人とすると，

$4800 : x = 150 : 28$

（内側の項の積）＝（外側の項の積）

$150x = 4800 \times 28$

$x = \overset{32}{\cancel{4800}} \times 28 \times \dfrac{1}{\underset{1}{\cancel{150}}}$

約分する。

$x = 896$

一の位を四捨五入すると，900人　　**およそ900人**　答

A チャレンジ問題

得点　　全2問

解き方と解答 186ページ

1 ある工場で作られた製品Aから300個を無作為に抽出して検査したところ，4個が不良品でした。この日工場で作られた製品Aは21000個でした。この日作られた製品Aに含まれる不良品の個数を推定しなさい。

2 ある大きな箱の中に，個数がわからない白いボールと，128個の色のついたボールが入っています。この箱の中から50個のボールを無作為に取り出した結果，色のついたボールが8個ありました。箱の中のボールの個数の合計を推定しなさい。

B チャレンジ問題

得点　　全2問

解き方と解答 187ページ

1 ある魚の養殖場で，無作為に魚を90匹捕まえて目印をつけてもとの養殖場に放しました。翌日にも無作為に魚を110匹捕まえたところ，目印のついた魚が6匹いました。この養殖場にいる魚の数を推定しなさい。

2 大型ケースの中に大量の銀色のクリップが入っています。同じ大きさで赤色のクリップ45個を追加して，よくかき混ぜ，無作為に40個取り出したところ，赤色のクリップが3個ありました。はじめにケースの中に入っていたクリップの数を推定し，一の位を四捨五入して答えなさい。

解き方と解答

問題 185ページ

1 **ある工場で作られた製品Aから300個を無作為に抽出して検査したところ，4個が不良品でした。この日工場で作られた製品Aは21000個でした。この日作られた製品Aに含まれる不良品の個数を推定しなさい。**

【解き方】

300個の標本調査の結果をもとにして，この日発生した不良品の個数を推定する。推定する個数を x 個とすると，

$21000 : x = 300 : 4$

$300x = 21000 \times 4$　（内側の項の積）＝（外側の項の積）

$x = 21000 \times 4 \times \frac{1}{300}$　約分する。

$x = 280$

およそ280個　解答

2 **ある大きな箱の中に，個数がわからない白いボールと，128個の色のついたボールが入っています。この箱の中から50個のボールを無作為に取り出した結果，色のついたボールが8個ありました。箱の中のボールの個数の合計を推定しなさい。**

【解き方】

50個の標本調査の結果をもとにして，ボールの個数の合計を推定する。推定する個数を x 個とすると，

$x : 128 = 50 : 8$

$8x = 128 \times 50$　（外側の項の積）＝（内側の項の積）

$x = 128 \times 50 \times \frac{1}{8}$　約分する。

$x = 800$

およそ800個　解答

解き方と解答

問題 185ページ

1 ある魚の養殖場で，無作為に魚を90匹捕まえて目印をつけてもとの養殖場に放しました。翌日にも無作為に魚を110匹捕まえたところ，目印のついた魚が6匹いました。この養殖場にいる魚の数を推定しなさい。

【解き方】

110匹の標本調査の結果をもとにして，この養殖場にいる魚の数を推定する。推定する匹数を x 匹とすると，

$x : 90 = 110 : 6$

$6x = 90 \times 110$ (外側の項の積)＝(内側の項の積)

$x = \overset{15}{\cancel{90}} \times 110 \times \frac{1}{\underset{1}{\cancel{6}}}$

$x = 1650$ 約分する。

およそ1650匹 解答

2 大型ケースの中に大量の銀色のクリップが入っています。同じ大きさで赤色のクリップ45個を追加して，よくかき混ぜ，無作為に40個取り出したところ，赤色のクリップが3個ありました。はじめにケースの中に入っていたクリップの数を推定し，一の位を四捨五入して答えなさい。

【解き方】

40個の標本調査の結果をもとにして，はじめにケースの中に入っていたクリップの数を推定する。推定する個数を x 個とすると，

$x : 45 = (40 - 3) : 3$

$x : 45 = 37 : 3$

$3x = 45 \times 37$ (外側の項の積)＝(内側の項の積)

$x = \overset{15}{\cancel{45}} \times 37 \times \frac{1}{\underset{1}{\cancel{3}}}$

$x = 555$ 約分する。

一の位を四捨五入すると，560個

およそ560個 解答

作図の手順のまとめ

1 垂直二等分線

① 線分の両端A，Bを中心に，等しい半径の円をかく。

② 円の交点C，Dを通る直線CDを引く。

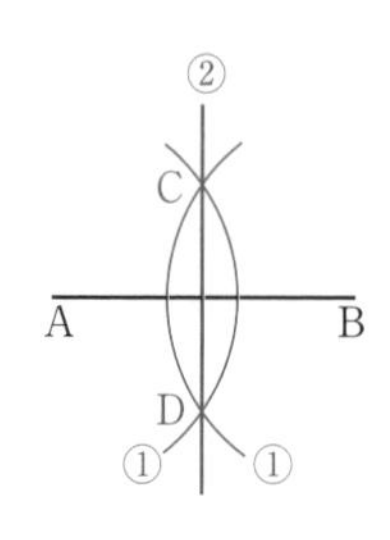

2 角の二等分線

① 点Oを中心とする円と半直線OX，OYとの交点をA，Bとする。

② 点A，Bを中心に，等しい半径の円をかき，交点をCとする。

③ 半直線OCを引く。

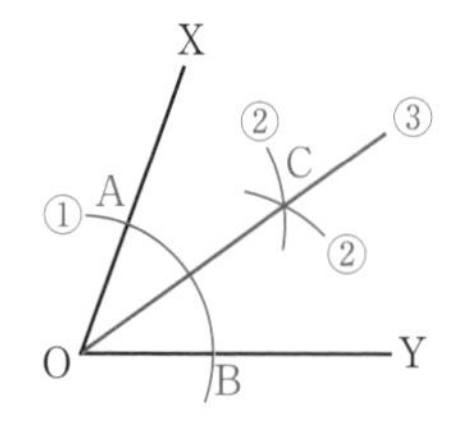

3 直線上にない点Pを通る垂線

① 点Pを中心に円をかき，直線XYとの交点をA，Bとする。

② 点A，Bを中心に，等しい半径の円をかき，交点をCとする。

③ 直線PCを引く。

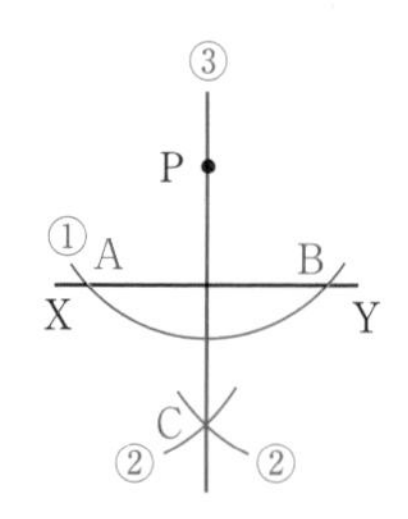

4 直線上の点Pを通る垂線

① 点Pを中心に円をかき，直線XYとの交点をA，Bとする。

② 点A，Bを中心に，等しい半径の円をかき，交点をCとする。

③ 直線PC を引く。

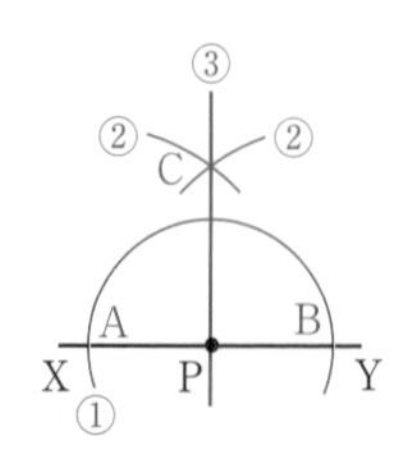

予想模擬検定

この章の内容

1次検定，2次検定用にそれぞれ2回ずつ，予想問題を用意しました。これまで学習してきたことを確認し，万全の態勢で本番を迎えましょう。

実用数学技能検定

第1回　予想模擬検定

1次：計算技能検定
問　題

──── 検定上の注意 ────

1．検定時間は**50分**です。

2．**電卓・ものさし・コンパス**を使用することはできません。

3．答えが分数になるとき，約分してもっとも簡単な分数にしてください。

4．答えに根号が含まれるとき，根号の中の数はもっとも小さい整数にしてください。

合格ライン	得点
21／30	／30

1次：計算技能検定

1 次の計算をしなさい。

(1) $(-15)+(+8)-(-4)$

(2) $12-36\div(-4)$

(3) $-5^2\times2+(-3)^2$

(4) $\left(\dfrac{4}{3}\right)^2-\dfrac{7}{10}\times\dfrac{5}{6}$

(5) $\sqrt{96}-\sqrt{24}+\sqrt{6}$

(6) $(3-\sqrt{3})^2-\dfrac{15}{\sqrt{3}}$

(7) $5(4x-6)+2(7x-2)$

(8) $0.6(3x-0.1)-0.8(2x-0.8)$

(9) $8(-3x+2y)-7(-x+4y)$

(10) $\dfrac{3x-y}{4}-\dfrac{5x+4y}{6}$

(11) $-60x^2y^3\div4xy^2$

(12) $\left(\dfrac{3}{2}xy^2\right)^2\div\dfrac{9}{5}x^3y^5\times\dfrac{7}{10}x^2$

2 次の式を展開して計算しなさい。

(13) $(3x-y)(2x+5y)$　　(14) $(x-5)^2-(x+3)(x+7)$

3 次の式を因数分解しなさい。

(15) x^2-x-56　　(16) $(a+2b)^2+4(a+2b)+4$

4 次の方程式を解きなさい。

(17) $23x+16=17x-2$　　(18) $\dfrac{x-8}{3}-\dfrac{3x+11}{4}=0$

(19) $12x^2-81=0$　　(20) $x^2+6x+2=0$

5 次の連立方程式を解きなさい。

(21) $\begin{cases} y=3x+3 \\ 7x-5y=1 \end{cases}$　　(22) $\begin{cases} 0.8x-0.3y=3.3 \\ \dfrac{5}{3}x+\dfrac{7}{9}y=\dfrac{8}{3} \end{cases}$

6 次の問いに答えなさい。

(23) 下のデータについて，範囲を求めなさい。

2，4，5，5，6，8，10

(24) 大小2つのさいころを同時に1回振ります。出た目の数の和が6の約数になる確率を求めなさい。ただし，さいころの目は1から6まであり，どの目が出ることも同様に確からしいものとします。

(25) 等式 $m=\dfrac{3a+2b}{5}$ を a について解きなさい。

(26) y は x に比例し，$x=-3$ のとき，$y=-15$ です。$x=6$ のときの y の値を求めなさい。

(27) y は x の2乗に比例し，$x=-2$ のとき，$y=-8$ です。$x=3$ のときの y の値を求めなさい。

(28) 正十二角形の内角の和を求めなさい。

(29) 右の図で，$\ell \parallel m$ のとき，$\angle x$ の大きさを求めなさい。

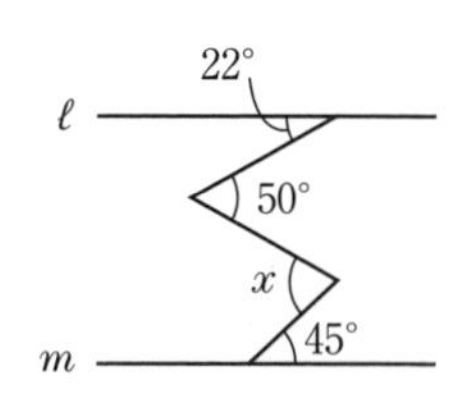

(30) 右の図のように，3点A，B，Cが円Oの周上にあります。∠AOC＝130° のとき，$\angle x$ の大きさを求めなさい。

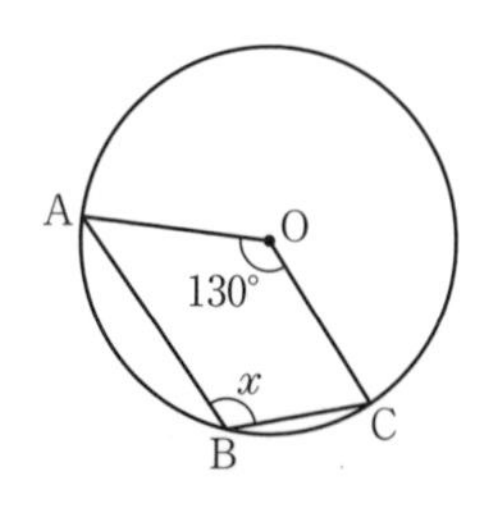

実用数学技能検定

第１回　予想模擬検定

２次：数理技能検定
問　題

―――― 検定上の注意 ――――

1．検定時間は**60分**です。

2．**電卓**を使用することができます。

3．答えが分数になるとき，約分してもっとも簡単な分数にしてください。

4．答えに根号が含まれるとき，根号の中の数はもっとも小さい整数にしてください。

合格ライン	得点
12 ／20	／20

２次：数理技能検定

1

右の図の放物線は，$y=x^2$のグラフです。点A(0, 9)を通りx軸に平行な直線を引き，放物線との交点をPとします。ただし，点Pのx座標は正とします。また，放物線上の点でx座標が1の点をQとします。次の問いに答えなさい。ただし，1目もりを1cmとします。

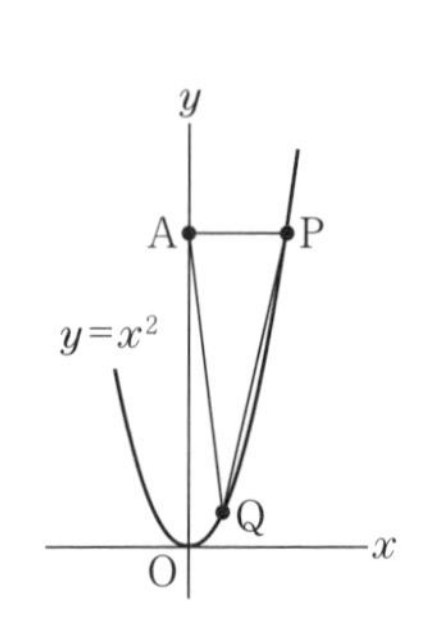

(1)　点Pの座標を求めなさい。

(2)　$y=x^2$で，xの変域が$-1 \leqq x \leqq 2$のときのyの変域を求めなさい。

(3)　△AQPの面積を求めなさい。

2

右の図で四角形ABCD，ECFGはともに正方形で，点Eは辺CD上にあります。このとき，△BCEと△DCFが合同であることを，もっとも簡潔な手順で証明します。次の問いに答えなさい。

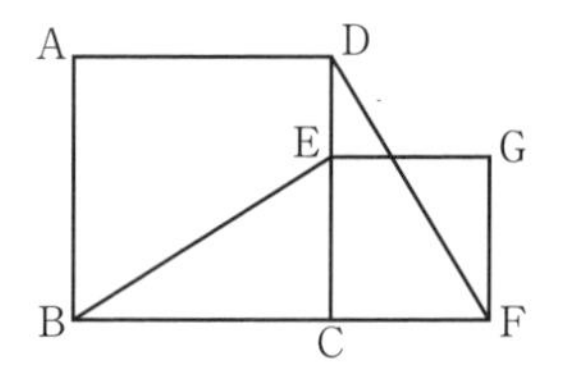

(4)　合同であることを示すときに必要な条件を，下の①～⑥から3つ選びなさい。

①　BC＝DC　　②　BE＝DF　　③　CE＝CF

④　∠BEC＝∠DFC　　⑤　∠CBE＝∠CDF

⑥　∠BCE＝∠DCF＝90°

(5)　(4)のときに用いる合同条件を答えなさい。

3

あるクラスの25人の通学時間を調べ，結果を右の度数分布表にまとめました。次の問いに答えなさい。

通学時間

階級(分)	度数(人)
0 以上 ～ 5 未満	4
5 ～ 10	8
10 ～ 15	7
15 ～ 20	3
20 ～ 25	1
25 ～ 30	2
合計	25

(6)　最頻値を求めなさい。

(7)　中央値が含まれる階級までの累積相対度数を求めなさい。

4　たくやさんとはなさんは，お金を出し合って，母の日のプレゼントを買うことにしました。たくやさんの出した金額は，はなさんの出した金額の4倍より200円少なく，2人の出した合計金額で定価2000円の商品を買いたかったのですが，金額が足りませんでした。しかし，店員に10%割り引いてもらい，ちょうど買うことができました。たくやさんの出した金額をx円，はなさんの出した金額をy円として，次の問いに答えなさい。

(8)　x，yを求めるための連立方程式をつくりなさい。

(9)　2人の出した金額をそれぞれ求めなさい。

5　7本のくじがあります。そのうち3本が当たりくじで，4本がはずれくじです。このくじを2本引くとき，次の問いに答えなさい。

(10)　同時に2本引くとき，2本とも当たりくじである確率を求めなさい。

(11)　続けて2本引くとき，1本目がはずれくじで，2本目が当たりくじである確率を求めなさい。

(12)　1本目を引き，そのくじをもどしてもう一度くじを引くとき，少なくとも1本は当たりくじである確率を求めなさい。

6　座標平面上に，比例のグラフと反比例のグラフがあり，点A(−6，4)で交わっています。次の問いに答えなさい。

(13)　比例のグラフの式を答えなさい。

(14)　反比例のグラフ上にある，x座標とy座標がどちらも整数である点の数を点Aも含めて答えなさい。

7

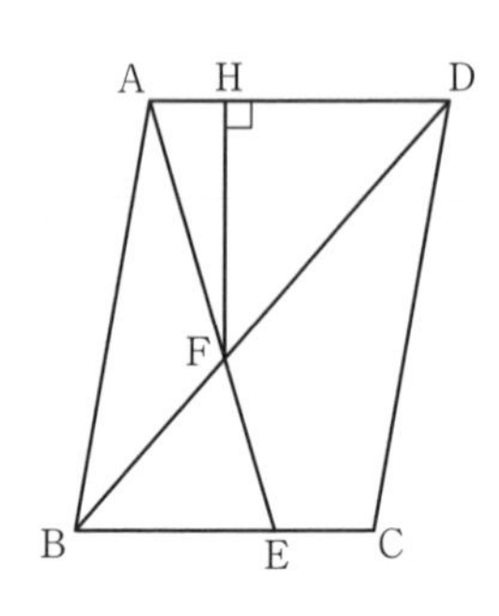

右の図のような，平行四辺形ABCDがあります。辺BC上にBE＝4cmである点Eをとり，線分AEと対角線BDの交点をFとします。点Fから辺ADに垂線を引いてADとの交点をHとします。AD＝6cm，FH＝5cmであるとき，次の問いに答えなさい。

(15) AF：EFをもっとも簡単な整数の比で表しなさい。

(16) △EBFの面積を求めなさい。

8

縦の長さが6 cm，横の長さが7 cmの長方形をAとします。長方形Aの縦の長さと横の長さをそれぞれx cmずつ長くした長方形をBとします。このとき，次の問いに答えなさい。

(17) 長方形Bの面積を，xを用いた式で表し，展開した形で答えなさい。

(18) 長方形Bの面積が長方形Aの面積より90cm^{2}大きいとき，xの値を求めなさい。(17)から2次方程式をつくり，それを解いて求めなさい。この問題は，計算の途中の式と答えを書きなさい。

9

右の図は，底面の円の半径が3 cmで母線の長さが8 cmの円錐です。この円錐の展開図の側面について，次の問いに答えなさい。

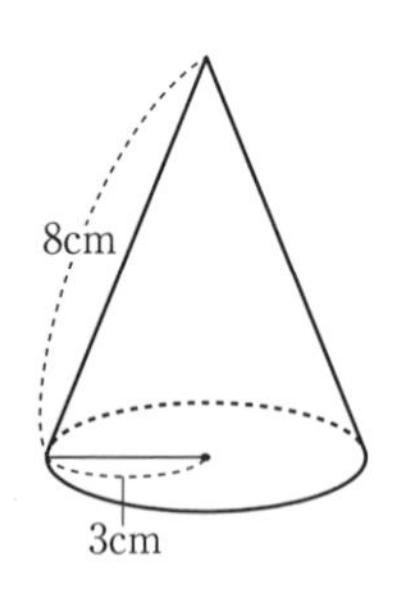

(19) 側面のおうぎ形の面積を求めなさい。

(20) 側面のおうぎ形の中心角を求めなさい。

実用数学技能検定

第2回　予想模擬検定

1次：計算技能検定
問　題

――――― 検定上の注意 ―――――

1. 検定時間は**50分**です。
2. **電卓・ものさし・コンパス**を使用することはできません。
3. 答えが分数になるとき，約分してもっとも簡単な分数にしてください。
4. 答えに根号が含まれるとき，根号の中の数はもっとも小さい整数にしてください。

合格ライン	得点
21 /30	/30

1次：計算技能検定

1 次の計算をしなさい。

(1) $-(-15)-(+11)+(-18)$

(2) $-7\times 4+32\div(-8)$

(3) $-3^2\times(-7)-(-2)^3\times 5$

(4) $\frac{7}{18}\div\left(-\frac{14}{27}\right)-\frac{3}{10}$

(5) $\sqrt{2}(3+\sqrt{10})-\sqrt{80}$

(6) $(\sqrt{7}-3)(\sqrt{7}+5)-\frac{21}{\sqrt{7}}$

(7) $6(3x-8)-7(2x+6)$

(8) $0.2(0.6x-8)-0.3(0.5x-3)$

(9) $8(6x-2y)+4(-7x+3y)$

(10) $\frac{5x-3y}{6}-\frac{4x-5y}{8}$

(11) $4x^2y\times(-3xy)\div 2x^3y$

(12) $\frac{1}{6}xy^4\div\left(-\frac{4}{3}x^2y^3\right)^2\times\frac{8}{15}xy^3$

2 次の式を展開して計算しなさい。

(13)　$(6x+y)(4x-3y)$

(14)　$(3x-1)(3x+2)-(x-2)(x+2)$

3 次の式を因数分解しなさい。

(15)　x^2-49y^2

(16)　$x^3y+2x^2y-15xy$

4 次の方程式を解きなさい。

(17)　$-3x-5=-6x-20$

(18)　$0.6(6x-0.7)=0.5(0.4x-0.5)$

(19)　$81x^2-25=0$

(20)　$x^2-3x-2=0$

5 次の連立方程式を解きなさい。

(21)　$\begin{cases} 3x+5y=2 \\ 2x+y=6 \end{cases}$

(22)　$\begin{cases} \dfrac{x}{3}+\dfrac{y}{4}=-\dfrac{1}{6} \\ y=-2x-4 \end{cases}$

6 次の問いに答えなさい。

(23) 右の度数分布表の，階級の幅を答えなさい。

握力の記録

階級(kg)	度数(人)
15 以上 ～ 25 未満	6
25 ～ 35	9
35 ～ 45	5
45 ～ 55	3
合計	23

(24) 3枚の硬貨を投げるとき，1枚だけ表が出る確率を求めなさい。ただし，表と裏の出方は同様に確からしいものとします。

(25) 等式 $3x+2y-7=0$ を y について解きなさい。

(26) y は x に反比例し，$x=8$ のとき，$y=-3$ です。y を x の式で表しなさい。

(27) y は x の2乗に比例し，$x=-3$ のとき $y=-6$ です。$x=6$ のときの y の値を求めなさい。

(28) 1つの内角が135°である正多角形は正何角形ですか。

(29) 右の図で，$\ell \parallel m$ のとき，$\angle x$ の大きさは何度ですか。

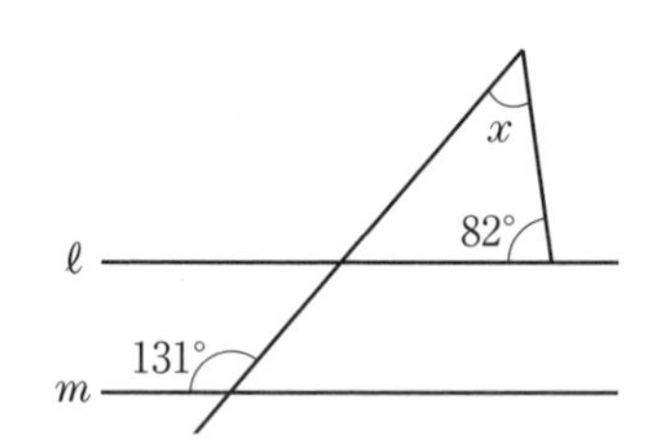

(30) 右の図のように，4点A，B，C，Dが，円Oの周上にあります。線分ACが直径で，$\angle CAD=37°$ のとき，$\angle x$ の大きさを求めなさい。

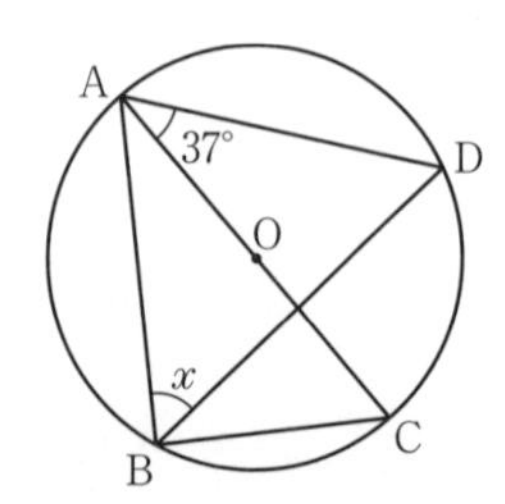

実用数学技能検定

第2回　予想模擬検定

2次：数理技能検定

問　題

―――― 検定上の注意 ――――

1．検定時間は**60分**です。

2．**電卓**を使用することができます。

3．答えが分数になるとき，約分してもっとも簡単な分数にしてください。

4．答えに根号が含まれるとき，根号の中の数はもっとも小さい整数にしてください。

合格ライン	得点
12 /20	/20

2次：数理技能検定

1

次の問いに答えなさい。

(1)　n を正の整数とします。$6 \leqq \sqrt{11n} \leqq 7$ を満たす n の値を求めなさい。

(2)　$x=3+\sqrt{3}$，$y=3-\sqrt{3}$ のとき，$2(x^2-y^2)$ の値を求めなさい。この問題は計算の途中の式と答えを書きなさい。

2

右の図のように，$y=x+6$ と x 軸，y 軸との交点をそれぞれ，点A，Bとします。点Cの座標が (3, 0) のとき，次の問いに答えなさい。ただし，1目もりを1 cmとします。

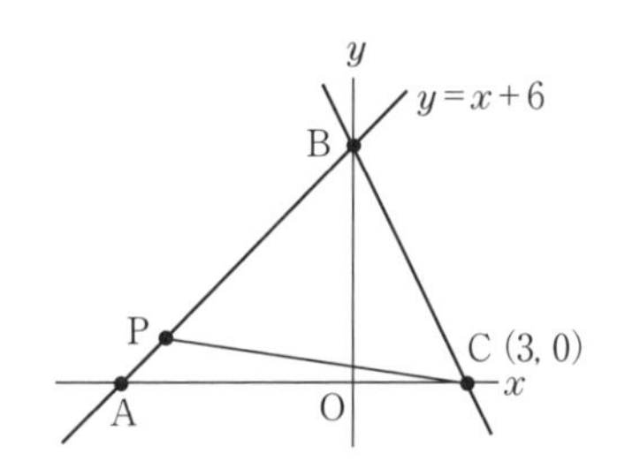

(3)　点Aの座標を求めなさい。

(4)　直線BCの式を求めなさい。

(5)　$y=x+6$ 上に点Pがあり，その x 座標は -5 です。△PCBの面積を求めなさい。

3

ある列車は，停止している状態から出発し，5秒間で15m走りました。この列車が出発してからの x 秒間で y m走るとして，次の問いに答えなさい。ただし，停止している列車が出発するとき，走った距離が，走った時間の2乗に比例するとします。

(6)　y を x の式で表しなさい。

(7)　出発して12秒間で，列車は何m走りますか。

(8)　出発してから10秒後から15秒後までの間の平均の速さを求めなさい。

平均の速さは，$\dfrac{(\text{走った距離})}{(\text{走った時間})}$ で求められるものとします。

4

次の問いに答えなさい。

(9)　連続する3つの自然数のうち，もっとも小さい自然数をnとして，それぞれnの式で，小さい順に表しなさい。

(10)　連続する3つの自然数のもっとも小さい数ともっとも大きい数の積と中央の数の2乗の和は，奇数であることをnの式で説明しなさい。

5

右の図のような平行四辺形ABCDがあり，直線AB上にAB＝BEとなる点Eをとり，点EとC，BとDをそれぞれ結びます。次の問いに答えなさい。

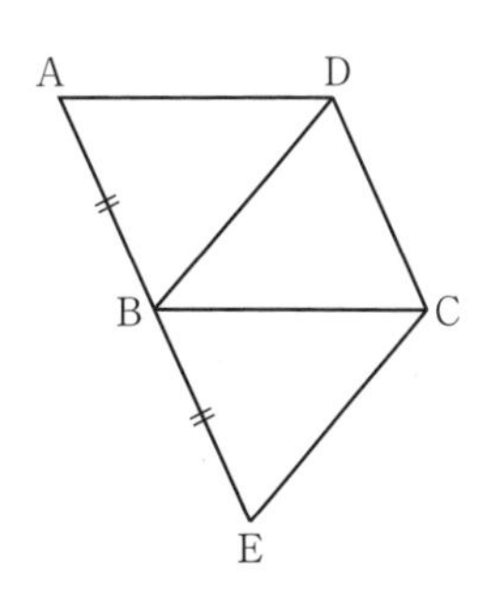

(11)　∠ADBと∠BCEが等しいことを証明するためには，どの三角形とどの三角形が合同であることを示せばよいですか。

(12)　∠DABと∠CBEが等しくなる理由を答えなさい。

(13)　(11)で答えた2つの三角形が合同であることを示すときに用いる合同条件を答えなさい。

6

次の21個のデータはA群のものです。

A群…4，5，6，6，6，7，8，8，9，10，11，11，11，12，12，13，13，15，16，16，17

下には，B群の20個の整数の値のデータが，箱ひげ図にまとめてあります。次の問いに答えなさい。

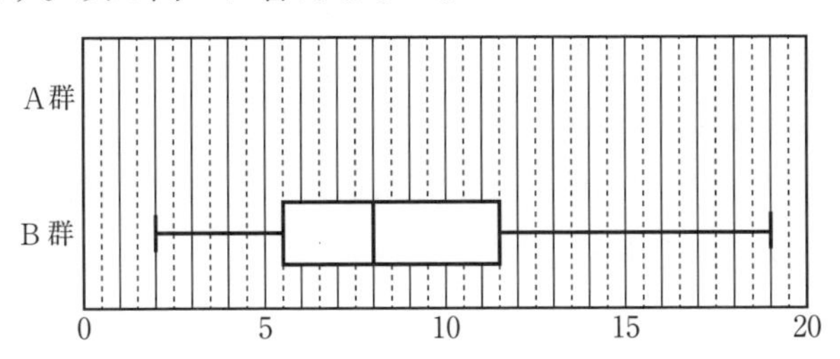

(14)　A群のデータの箱ひげ図を，B群の箱ひげ図の上にかき入れなさい。

(15)　2つの箱ひげ図から読み取れる内容として必ず正しいものを，次のア～オからすべて選びなさい。

ア　B群には，値が11のデータがある。

イ　(分布の)範囲は，B群のほうが大きい。

ウ　四分位数は，すべてA群のほうが大きい。

エ　B群には，値が8のデータがある。

オ　B群には，値が5以下のデータが5個ある。

7

Aの袋には1から4までの数字が1つずつ書かれた球が4個，Bの袋には5から9までの数字が1つずつ書かれた球が5個入っています。それぞれの袋から1個ずつ球を取り出すとき，次の問いに答えなさい。ただし，どの球を選ぶことも，同様に確からしいものとします。

(16)　2つの球の数の和が素数になる確率を答えなさい。

(17)　2つの球の数の積が4の倍数になる確率を答えなさい。

8

箱の中に青色のビーズが大量に入っています。そのうちの140個の青色ビーズを赤色ビーズに交換しました。次の問いに答えなさい。

(18)　箱の中からビーズを無作為に144個取り出したところ，赤色ビーズが8個ありました。箱の中にビーズはおよそ何個入っていると考えられますか。

9

右の図は，底面が1辺6cmの正三角形で，高さが$5\sqrt{3}$cmの正三角柱です。次の問いに答えなさい。

(19)　この正三角柱の体積を求めなさい。

(20)　この正三角柱の表面積を求めなさい。

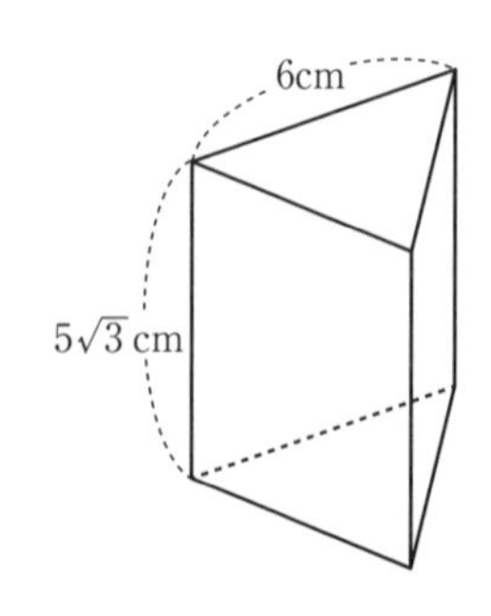

過去問題

この章の内容

近年実施された実用数学技能検定で実際に出題された問題を収録しています。本番を意識して，時間配分に注意しながら解いてみましょう。

実用数学技能検定

過去問題

1次：計算技能検定
問　題

検定上の注意

1．検定時間は**50分**です。
2．**電卓・ものさし・コンパス**を使用することはできません。
3．答えが分数になるとき，約分してもっとも簡単な分数にしてください。
4．答えに根号が含まれるとき，根号の中の数はもっとも小さい整数にしてください。

合格ライン	得点
21／30	／30

1次：計算技能検定

1 次の計算をしなさい。

(1) $4-(-12)-3$

(2) $39-15\div(-3)$

(3) -4^2+5^3

(4) $-\dfrac{8}{15}\div\dfrac{3}{10}\times\left(-\dfrac{1}{4}\right)$

(5) $\sqrt{54}+\sqrt{24}-\sqrt{96}$

(6) $(\sqrt{3}+4)^2-\dfrac{24}{\sqrt{3}}$

(7) $9(7x-2)-8(x-4)$

(8) $\dfrac{2x+1}{3}+\dfrac{4x-1}{9}$

(9) $9(2x+5y)+3(x-6y)$

(10) $0.7(5x-2y)-0.3(9x+y)$

(11) $-51x^2y^2\div(-17xy^2)$

(12) $-\dfrac{8}{9}x^4y\div\left(-\dfrac{2}{3}x^3y^2\right)\times\dfrac{15}{4}xy^3$

2 次の式を展開して計算しなさい。

(13) $(x+6y)(x-3y)$

(14) $(x-9)^2-(x-7)(x+7)$

3 次の式を因数分解しなさい。

(15) x^2+4x+4

(16) $ax^2+10ax+9a$

4 次の方程式を解きなさい。

(17) $14x+3=10x-5$

(18) $\frac{3x-32}{12}=\frac{x-20}{6}$

(19) $3x^2-48=0$

(20) $x^2-x-5=0$

5 次の連立方程式を解きなさい。

(21) $\begin{cases} y=3x+12 \\ y=-x-8 \end{cases}$

(22) $\begin{cases} x+2y=4 \\ \frac{1}{3}x-\frac{1}{4}y=\frac{9}{4} \end{cases}$

6　次の問いに答えなさい。

(23)　y は x に反比例し，$x=9$ のとき $y=-3$ です。$x=6$ のときの y の値（あたい）を求めなさい。

(24)　右の度数分布表において，階級の幅（はば）は何点ですか。

5教科のテストの合計点

階級（点）	度数（人）
150 以上 ～ 200 未満	3
200 ～ 250	22
250 ～ 300	31
300 ～ 350	52
350 ～ 400	45
400 ～ 450	33
450 ～ 500	12
合計	198

(25)　等式 $3x+5y=20$ を y について解きなさい。

(26)　右の図で，$\ell \parallel m$ のとき，$\angle x$ の大きさは何度ですか。

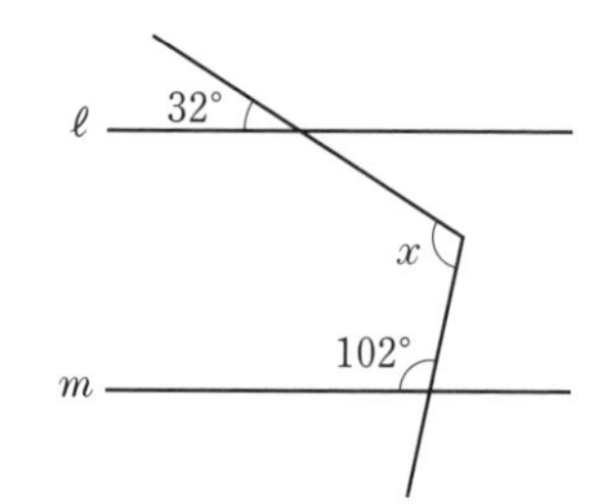

(27)　正十五角形の1つの外角の大きさは何度ですか。

(28)　2枚の硬貨（こうか）を同時に投げるとき，2枚とも裏が出る確率を求めなさい。ただし，硬貨の表と裏の出方は，同様に確からしいものとします。

(29)　y は x の2乗に比例し，$x=3$ のとき $y=-27$ です。y を x を用いて表しなさい。

(30)　右の図のように，3点A，B，Cが円Oの周上にあります。$\angle ABC=116°$ のとき，$\angle x$ の大きさは何度ですか。

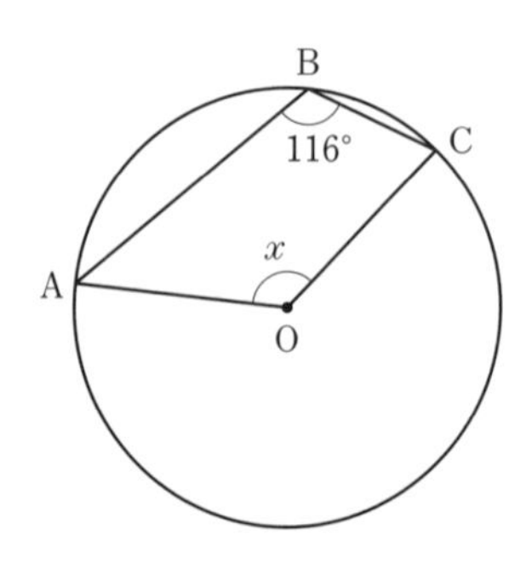

実用数学技能検定

過去問題

２次：数理技能検定
問　題

――――― 検定上の注意 ―――――

1．検定時間は**60分**です。

2．**電卓**を使用することができます。

3．答えが分数になるとき，約分してもっとも簡単な分数にしてください。

4．答えに根号が含まれるとき，根号の中の数はもっとも小さい整数にしてください。

合格ライン	得点
12／20	／20

２次：数理技能検定

1　あるコンビニエンスストアで，りんごジュース，オレンジジュース，ぶどうジュースの３種類のジュースを売っています。ある１日に売れたジュースの本数を調べたところ，りんごジュースの本数はぶどうジュースの本数の３倍で，オレンジジュースの本数はぶどうジュースの本数の２倍より５本多かったです。この日に売れたぶどうジュースの本数を x 本とするとき，次の問いに答えなさい。

(1)　この日に売れたオレンジジュースの本数は何本ですか。x を用いて表しなさい。　（表現技能）

(2)　この日に売れたジュースの本数の合計は 41 本でした。この日に売れたぶどうジュースの本数は何本ですか。

2　下の立体の体積は，それぞれ何 cm^3 ですか。単位をつけて答えなさい。ただし，円周率は π とします。　（測定技能）

(3)　正四角錐（せいしかくすい）　　(4)　円錐（えんすい）

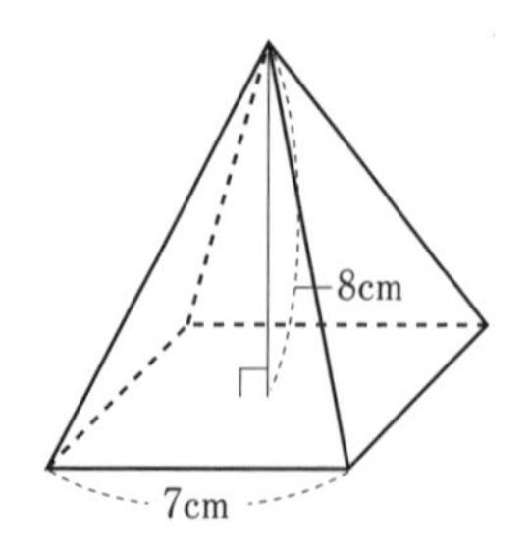

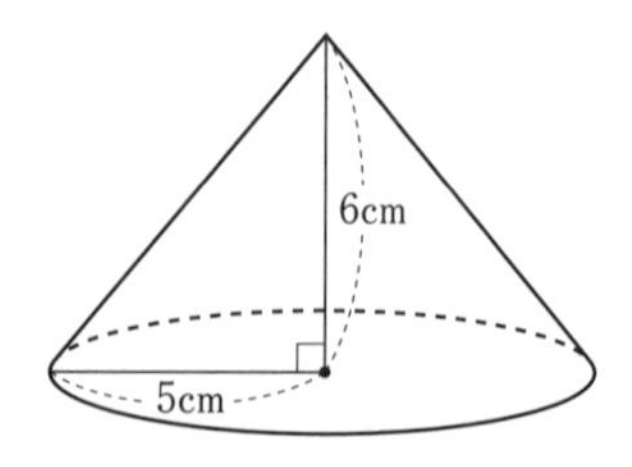

3

右の図のように，関数 $y=ax$ のグラフと関数 $y=-\frac{15}{x}$ のグラフが点Aで交わっています。点Aの x 座標が5のとき，次の問いに答えなさい。

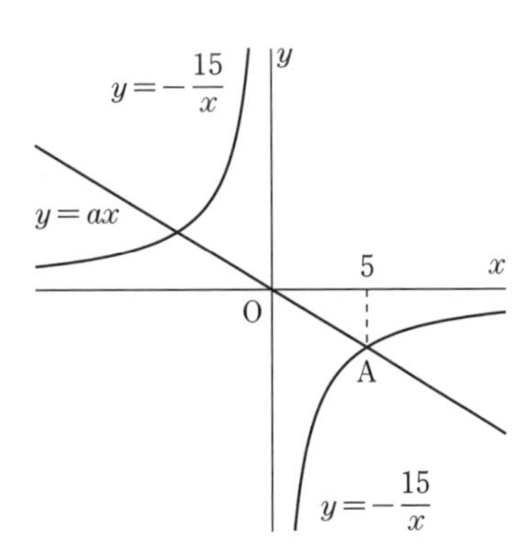

(5)　a の値(あたい)を求めなさい。

(6)　関数 $y=-\frac{15}{x}$ のグラフ上に，x 座標，y 座標の値がともに整数である点は何個ありますか。

4

連続する3つの整数の和が3の倍数であることは，次のように説明できます。

> 連続する3つの整数のうち，もっとも小さい数を n とすると，中央の数は［ア］，もっとも大きい数は［イ］と表される。したがって，それらの和は
>
> $n+$(［ア］)$+$(［イ］)$=3$(［ウ］)　…Ⓐ
>
> ［ウ］は整数だから，3(［ウ］)は3の倍数である。
>
> したがって，連続する3つの整数の和は3の倍数である。

次の問いに答えなさい。

(7)　ア，イにあてはまる式を，n を用いて表しなさい。　（表現技能）

(8)　ウにあてはまる式を，n を用いて表しなさい。　（表現技能）

(9)　連続する3つの整数の和が3の倍数であることの他に，Ⓐの式からわかることは何ですか。下の①〜⑤の中から1つ選びなさい。

①　連続する3つの整数の和は，もっとも小さい数の3倍である。

②　連続する3つの整数の和は，中央の数の3倍である。

③　連続する3つの整数の和は，もっとも大きい数の3倍である。

④　連続する3つの整数の和は，偶数（ぐうすう）である。

⑤　連続する3つの整数の和は，奇数（きすう）である。

5　右の図のように，正三角形ABCの辺BCの延長上に点Dをとり，ADを1辺とする正三角形ADEを，△ABCの外側にかきます。頂点CとEを線分で結ぶと，BD＝CEとなることを，三角形の合同を用いてもっとも簡潔な手順で証明します。次の問いに答えなさい。

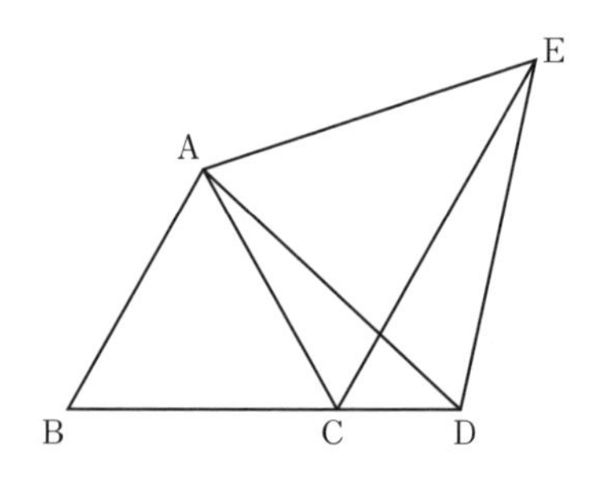

(10)　どの三角形とどの三角形が合同であることを示せばよいですか。

(11)　(10)で答えた2つの三角形が合同であることを示すときに必要な条件を，下の①〜⑥の中から3つ選びなさい。

①　AB＝AC　　②　BD＝CE　　③　DA＝EA

④　∠ABD＝∠ACE　　⑤　∠BDA＝∠CEA　　⑥　∠DAB＝∠EAC

(12)　(10)で答えた２つの三角形が合同であることを示すときに用いる合同条件を，下の①～⑥の中から１つ選びなさい。

①　３組の辺がそれぞれ等しい。

②　２組の辺とその間の角がそれぞれ等しい。

③　１組の辺とその両端の角がそれぞれ等しい。

④　３組の辺の比がすべて等しい。

⑤　２組の辺の比とその間の角がそれぞれ等しい。

⑥　２組の角がそれぞれ等しい。

6　次の問いに答えなさい

(13)　n を正の整数とするとき，$2<\sqrt{n}<3$ となるような n の値をすべて求めなさい。

(14)　$x=\sqrt{6}-\sqrt{3}$，$y=\sqrt{6}+\sqrt{3}$ のとき，x^2-y^2 の値を求めなさい。この問題は，計算の途中の式と答えを書きなさい。

7 ある斜面でボールをそっと転がします。ボールが転がり始めてからx秒間に転がる距離をymとすると，$y=2x^2$という関係が成り立つとき，次の問いに答えなさい。

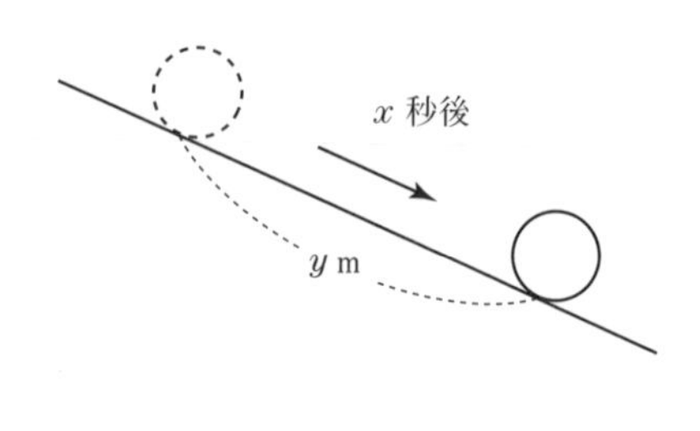

(15) 転がり始めてから3秒間で，ボールは何m転がりますか。単位をつけて答えなさい。

(16) 転がる距離が32mになるのは，転がり始めてから何秒後ですか。

(17) 転がり始めて1秒後から3秒後までの平均の速さは秒速何mですか。平均の速さは，$\frac{(\text{転がる距離})}{(\text{転がる時間})}$で求められるものとします。この問題は，計算の途中の式と答えを書きなさい。

8 ある縫製工場で生産される製品の中から4000枚を無作為に抽出して調べたところ，その中の2枚が不良品でした。次の問いに答えなさい。

（統計技能）

(18) この工場で30000枚の製品を生産したとき，その中に不良品はおよそ何枚あると考えられますか。

9

図１は，１辺が1cmの正方形①と②を，辺が重なるようにかいた長方形です。

まず，①と②を合わせた長方形の長いほうの辺を１辺とする正方形を図２のようにかき，その正方形を③とします。

次に，①，②，③を合わせた長方形の長いほうの辺を１辺とする正方形を図３のようにかき，その正方形を④とします。

このように，正方形を合わせてできる長方形の長いほうの辺を１辺とする正方形をかく操作を繰り返し，それらの正方形を⑤，⑥，⑦，…とします。ただし，長方形の長いほうの辺が横の辺であるときは正方形を下に，縦の辺であるときは右にかくものとします。次の問いに答えなさい。（整理技能）

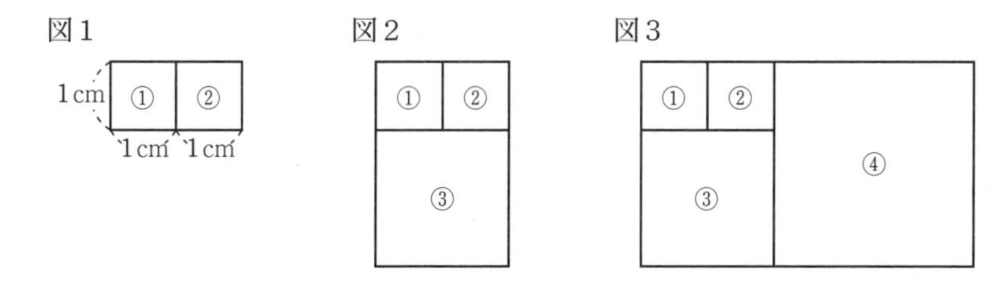

(19)　正方形⑨の１辺の長さは何 cm ですか。

(20)　正方形①から⑫までの12個の正方形の面積の和は何 cm^2 ですか。

●法改正・正誤等の情報につきましては，下記「ユーキャンの本」ウェブサイト内
「追補（法改正・正誤）」をご覧ください。
https://www.u-can.co.jp/book/information

●本書の内容についてお気づきの点は
・「ユーキャンの本」ウェブサイト内「よくあるご質問」をご参照ください。
https://www.u-can.co.jp/book/faq
・郵送・FAXでのお問い合わせをご希望の方は，書名・発行年月日・お客様のお名前・ご住所・FAX番号をお書き添えの上，下記までご連絡ください。

【郵送】〒169-8682 東京都新宿北郵便局 郵便私書箱第2005号
ユーキャン学び出版 数学検定資格書籍編集部
【FAX】03-3378-2232

◎より詳しい解説や解答方法についてのお問い合わせ，他社の書籍の記載内容等に関しては回答いたしかねます。

●お電話でのお問い合わせ・質問指導は行っておりません。

ユーキャンの数学検定3級 ステップアップ問題集 第4版

2007年11月1日 初 版 第1刷発行
2009年11月10日 第2版 第1刷発行
2013年1月25日 第2版・新装版 第1刷発行
2017年6月30日 第3版 第1刷発行
2023年5月2日 第4版 第1刷発行

編　者　ユーキャン数学検定試験研究会
発行者　品川泰一
発行所　株式会社 ユーキャン 学び出版
〒151-0053
東京都渋谷区代々木1-11-1
Tel 03-3378-2226
編集協力　株式会社 エディット
発売元　株式会社 自由国民社
〒171-0033
東京都豊島区高田3-10-11
Tel 03-6233-0781（営業部）

印刷・製本　カワセ印刷株式会社

※落丁・乱丁その他不良の品がありましたらお取り替えいたします。お買い求めの書店か自由国民社営業部（Tel 03-6233-0781）へお申し出ください。

 ISBN978-4-426-61477-5

ユーキャンの数学検定　3級
『ステップアップ問題集』

予想模擬
過去問題

☞は関連する内容への参照ページを示しています。
復習の際に利用しましょう。
（総合的な問題では省略しています）

3級　予想模擬検定〈第1回〉

1次：計算技能検定　解答と解説

1

(1)〈**数の計算**〉　☞ 本冊P30 POINT1

$(-15)+(+8)-(-4)$

$=-15+8+4$

$=-15+12=\underline{-3}$

符号に注意して(　)をはずす。

(2)〈**数の計算**〉　☞ 本冊P31 POINT2

$12-36\div(-4)$

$=12-(-9)$

$=12+9=\underline{21}$

除法を先に計算する。

(3)〈**数の計算**〉　☞ 本冊P31 POINT2

$-5^2\times2+(-3)^2$

$=-5\times5\times2+(-3)\times(-3)$

$=-50+9=\underline{-41}$

乗法を計算する。

(4)〈**数の計算**〉　☞ 本冊P31 POINT2

$\left(\frac{4}{3}\right)^2-\frac{7}{10}\times\frac{5}{6}$

$=\frac{4^2}{3^2}-\frac{7}{\cancel{10}_{2}}\times\frac{\cancel{5}^{1}}{6}$

乗法を計算する。

$=\frac{16}{9}-\frac{7}{12}$

通分する。

$=\frac{64}{36}-\frac{21}{36}=\underline{\frac{43}{36}}$

(5)〈**数の計算**〉 ☞ 本冊P32 POINT3

$\sqrt{96}-\sqrt{24}+\sqrt{6}$

$=\sqrt{4^2\times 6}-\sqrt{2^2\times 6}+\sqrt{6}$

$\sqrt{\ }$ の外に2乗の因数を出す。

$=4\sqrt{6}-2\sqrt{6}+\sqrt{6}$

$\sqrt{6}$ の項をまとめる。

$=(4-2+1)\sqrt{6}$

$=\underline{\mathbf{3\sqrt{6}}}$

(6)〈**数の計算**〉 ☞ 本冊P33 POINT4

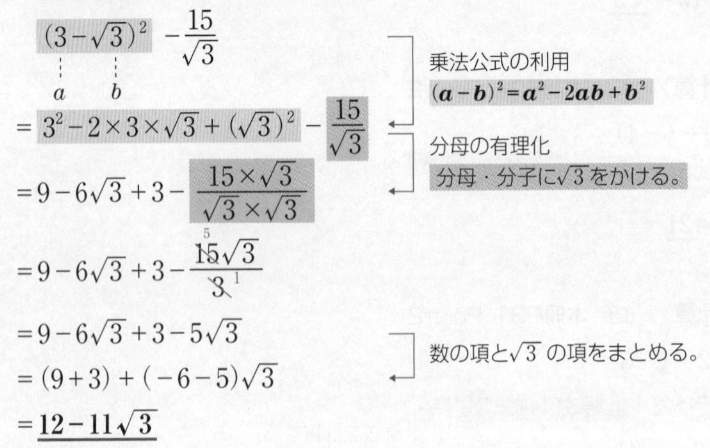

$(3-\sqrt{3})^2-\dfrac{15}{\sqrt{3}}$

a b

乗法公式の利用

$(a-b)^2=a^2-2ab+b^2$

$=3^2-2\times 3\times\sqrt{3}+(\sqrt{3})^2-\dfrac{15}{\sqrt{3}}$

分母の有理化

分母・分子に$\sqrt{3}$をかける。

$=9-6\sqrt{3}+3-\dfrac{15\times\sqrt{3}}{\sqrt{3}\times\sqrt{3}}$

$=9-6\sqrt{3}+3-\dfrac{\overset{5}{\cancel{15}}\sqrt{3}}{\underset{1}{\cancel{3}}}$

$=9-6\sqrt{3}+3-5\sqrt{3}$

数の項と$\sqrt{3}$ の項をまとめる。

$=(9+3)+(-6-5)\sqrt{3}$

$=\underline{\mathbf{12-11\sqrt{3}}}$

(7)〈**式の計算**〉 ☞ 本冊P42 POINT1

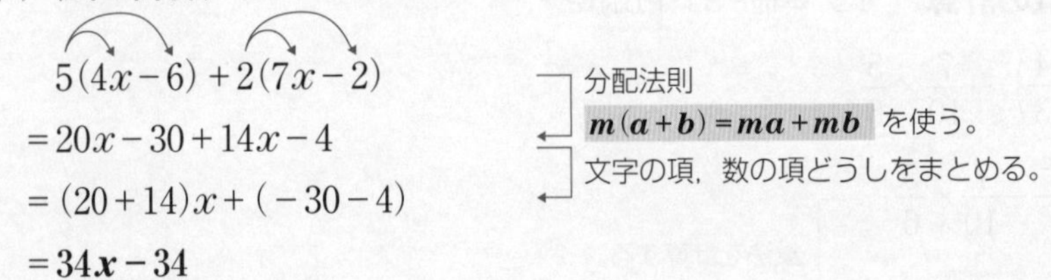

$5(4x-6)+2(7x-2)$

分配法則

$m(a+b)=ma+mb$ を使う。

$=20x-30+14x-4$

文字の項，数の項どうしをまとめる。

$=(20+14)x+(-30-4)$

$=\underline{\mathbf{34x-34}}$

(8)〈**式の計算**〉 ☞ 本冊P42 POINT1

$$0.6(3x-0.1)-0.8(2x-0.8)$$
$$=1.8x-0.06-1.6x+0.64$$
$$=(1.8-1.6)x-0.06+0.64$$
$$=\mathbf{0.2x+0.58}$$

分配法則を使って( )をはずす。

文字の項，数の項どうしをまとめる。

(9)〈**式の計算**〉 ☞ 本冊P42 POINT1

$$8(-3x+2y)-7(-x+4y)$$
$$=-24x+16y+7x-28y$$
$$=(-24+7)x+(16-28)y$$
$$=\mathbf{-17x-12y}$$

分配法則を使って( )をはずす。

同類項をまとめる。

(10)〈**式の計算**〉 ☞ 本冊P43 POINT2

$$\frac{3x-y}{4}-\frac{5x+4y}{6}$$
$$=\frac{3(3x-y)}{12}-\frac{2(5x+4y)}{12}$$
$$=\frac{9x-3y}{12}-\frac{10x+8y}{12}$$
$$=\frac{9x-3y-(10x+8y)}{12}$$
$$=\frac{9x-3y-10x-8y}{12}$$
$$=\frac{(9-10)x+(-3-8)y}{12}$$
$$=\mathbf{\frac{-x-11y}{12}}$$

分母の最小公倍数 12 で通分する。

分子をひくとき( )をつける。

( )をはずす。

同類項をまとめる。

(11)〈式の計算〉 ☞本冊P44 POINT3

$-60x^2y^3 \div 4xy^2$

$= -\dfrac{\overset{15}{\cancel{60}}x^{\cancel{2}}y^{\cancel{3}}}{\underset{1}{\cancel{4}}\cancel{x}\cancel{y^2}}$ ← 約分する。

$= \underline{\boldsymbol{-15xy}}$

(12)〈式の計算〉 ☞本冊P31 POINT2，P44 POINT3

$\left(\dfrac{3}{2}xy^2\right)^2 \div \dfrac{9}{5}x^3y^5 \times \dfrac{7}{10}x^2$

累乗を計算する。$\left(\dfrac{3}{2}xy^2\right)^2 = \dfrac{3xy^2}{2} \times \dfrac{3xy^2}{2}$

$= \dfrac{9x^2y^4}{4} \div \dfrac{9x^3y^5}{5} \times \dfrac{7x^2}{10}$

逆数をかける。

$= \dfrac{9x^2y^4}{4} \times \dfrac{5}{9x^3y^5} \times \dfrac{7x^2}{10}$

$= \dfrac{\overset{1}{\cancel{9}}\cancel{x^2}\cancel{y^4} \times \overset{1}{\cancel{5}} \times 7x^{\cancel{2}}}{4 \times \underset{1}{\cancel{9}}\cancel{x^3}y^{\cancel{5}} \times \underset{2}{\cancel{10}}}$ ← 約分する。

$= \underline{\boldsymbol{\dfrac{7x}{8y}}}$

2

(13)〈式の展開・因数分解〉 ☞本冊P18 POINT1

$(3x-y)(2x+5y)$

分配法則を利用する。

$= 6x^2 + 15xy - 2xy - 5y^2$

同類項をまとめる。

$= \underline{\boldsymbol{6x^2 + 13xy - 5y^2}}$

(14)〈式の展開・因数分解〉 ☞本冊P19 POINT2

$(x-5)^2 - (x+3)(x+7)$

$\rightarrow (a-b)^2 = a^2 - 2ab + b^2$　$\rightarrow (x+a)(x+b) = x^2 + (a+b)x + ab$　乗法公式の利用。

$= x^2 - 10x + 25 - (x^2 + 10x + 21)$

かっこをはずす。

$= x^2 - 10x + 25 - x^2 - 10x - 21$

同類項をまとめる。

$= \underline{\boldsymbol{-20x + 4}}$

3

(15) 〈式の展開・因数分解〉 ☞ 本冊P19 POINT3

x^2-x-56

$=x^2+\{7+(-8)\}x+7\times(-8)$

$=\underline{(\boldsymbol{x}+7)(\boldsymbol{x}-8)}$

$\boldsymbol{x^2+(a+b)x+ab=(x+a)(x+b)}$ を利用する。

(16) 〈式の展開・因数分解〉 ☞ 本冊P21 POINT4

$a+2b=A$とおくと，

$(a+2b)^2+4(a+2b)+4$

$=A^2+4A+4$

$=(A+2)^2$

$=\underline{(\boldsymbol{a}+2\boldsymbol{b}+2)^2}$

$\boldsymbol{a^2+2ab+b^2=(a+b)^2}$ を利用する。

A をもとにもどす。

4

(17) 〈1次方程式・2次方程式〉 ☞ 本冊P56 POINT1

$23x+16=17x-2$

xの項は左辺へ，数の項は右辺へ移項する。

$23x-17x=-2-16$

$ax=b$の形にする。

$6x=-18$

両辺を6でわる。

$\underline{\boldsymbol{x}=-3}$

(18) 〈1次方程式・2次方程式〉 ☞本冊P57 POINT2

$\frac{x-8}{3}-\frac{3x+11}{4}=0$

両辺に3と4の最小公倍数12をかけて分母をはらう。

$\frac{x-8}{\cancel{3}_1}\times\cancel{12}^4-\frac{3x+11}{\cancel{4}_1}\times\cancel{12}^3=0$

( )をつけて計算する。

$4(x-8)-3(3x+11)=0$

( )をはずす。

$4x-32-9x-33=0$

移項する。

$4x-9x=32+33$

$-5x=65$

両辺を－5でわる。

$\underline{\boldsymbol{x}=-13}$

(19)〈**1次方程式・2次方程式**〉

$$12x^2-81=0$$

$$12x^2=81$$

$ax^2=b$ の形にする。

$$x^2=\frac{81}{12}$$

両辺を12でわる。

$$x^2=\frac{27}{4}$$

$$\boldsymbol{x=\pm\frac{3\sqrt{3}}{2}}$$

x は2乗すると $\frac{27}{4}$ になる。→ x は $\frac{27}{4}$ の平方根である。

(20)〈**1次方程式・2次方程式**〉　☞ 本冊P59 POINT4

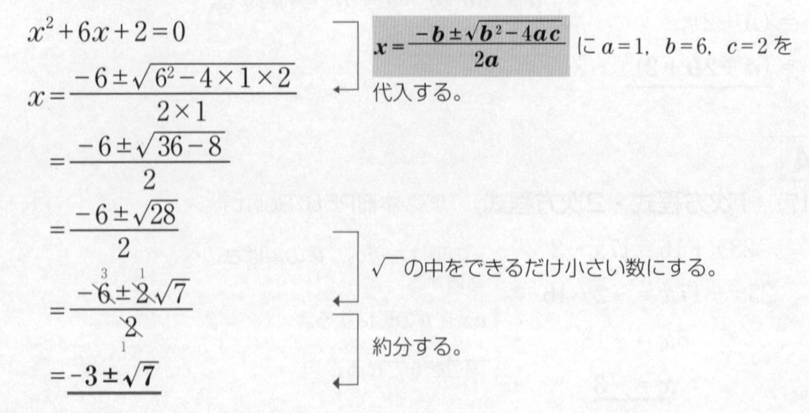

$$x^2+6x+2=0$$

$$x=\frac{-6\pm\sqrt{6^2-4\times1\times2}}{2\times1}$$

$\boldsymbol{x=\frac{-b\pm\sqrt{b^2-4ac}}{2a}}$ に $a=1$, $b=6$, $c=2$ を代入する。

$$=\frac{-6\pm\sqrt{36-8}}{2}$$

$$=\frac{-6\pm\sqrt{28}}{2}$$

$$=\frac{\overset{3}{\cancel{-6}}\pm\overset{1}{\cancel{2}}\sqrt{7}}{\underset{1}{\cancel{2}}}$$

$\sqrt{\ }$ の中をできるだけ小さい数にする。

約分する。

$$=\boldsymbol{-3\pm\sqrt{7}}$$

5

(21)〈**連立方程式**〉 ☞ 本冊P68 Point1

$$\begin{cases} y=3x+3 & \cdots① \\ 7x-5y=1 & \cdots② \end{cases}$$

①を②に代入して,

$$7x-5(3x+3)=1$$
$$7x-15x-15=1$$
$$-8x=16$$
$$x=-2$$

$x=-2$を①に代入して, $y=-6+3=-3$

よって, $\begin{cases} \boldsymbol{x=-2} \\ \boldsymbol{y=-3} \end{cases}$

(22)〈**連立方程式**〉 ☞ 本冊P69 Point2

$$\begin{cases} 0.8x-0.3y=3.3 & \cdots① \\ \dfrac{5}{3}x+\dfrac{7}{9}y=\dfrac{8}{3} & \cdots② \end{cases}$$

①×10 より, $8x-3y=33$ …①′ ← 小数係数を整数にする。

②×9 より, $15x+7y=24$ …②′ ← 分数係数を整数にする。

①′×7 より, $56x-21y=231$ …①″

②′×3 より, $+)\ 45x+21y=72$ …②″

①″+②″より, $101x=303$ ← yを消去する。

$x=3$ ← 両辺を101でわる。

$x=3$を①′に代入して, $24-3y=33$

$$-3y=9$$
$$y=-3$$

よって, $\begin{cases} \boldsymbol{x=3} \\ \boldsymbol{y=-3} \end{cases}$

6

(23)〈**データの分布**〉 ☞本冊P104 POINT

最大値が10で最小値が2だから，(分布の)範囲は，

$10-2=\underline{8}$

(24)〈**確率**〉 ☞本冊P108 POINT

大小2つのさいころの目の出方は36通りである。

出た目の数の和が6の約数になるのは，2になる(1，1)，3になる(1，2)，(2，1)，6になる(1，5)，(2，4)，(3，3)，(4，2)，(5，1)の合計8通りだから，求める確率は，

$\frac{8}{36}=\underline{\frac{2}{9}}$

大＼小	1	2	3	4	5	6
1	②	③	4	5	⑥	7
2	③	4	5	⑥	7	8
3	4	5	⑥	7	8	9
4	5	⑥	7	8	9	10
5	⑥	7	8	9	10	11
6	7	8	9	10	11	12

(25)〈**式の計算**〉 ☞本冊P45 POINT4

$m=\frac{3a+2b}{5}$

両辺を入れかえる。

$\frac{3a+2b}{5}=m$

両辺に5をかける。

$3a+2b=5m$

$2b$を移項する。

$3a=5m-2b$

両辺を3でわる。

$\underline{\boldsymbol{a=\frac{5m-2b}{3}}}$

(26)〈**比例と反比例・関数 $y=ax^2$**〉 ☞本冊P80 POINT1

y は x に 比例 するから，$y=ax$（a は比例定数）と表せる。

$x=-3$ のとき，$y=-15$ だから，

$-15=a\times(-3)$ ← $y=ax$ に代入する。

$a=5$ ← a の値を求める。

したがって，$y=5x$ となり，$x=6$ を代入して，

$y=5\times6$

$=\underline{30}$

(27)〈**比例と反比例・関数 $y=ax^2$**〉 ☞本冊P81 POINT2

y は x の 2乗に比例 するから，$y=ax^2$（a は比例定数）と表せる。

$x=-2$ のとき，$y=-8$ だから，

$-8=a\times(-2)^2$ ← $y=ax^2$ に代入する。

$a=-2$ ← a の値を求める。

したがって，$y=-2x^2$ となり，$x=3$ を代入して，

$y=-2\times3^2$

$=\underline{-18}$

(28)〈**図形の角**〉 ☞本冊P91 POINT2

n 角形の内角の和は，$180°\times(n-2)$ で求められるから，

$n=12$ を代入して，

$180°\times(12-2)$

$=180°\times10$

$=\underline{1800°}$

(29)〈**図形の角**〉 ☞ 本冊P90 POINT1

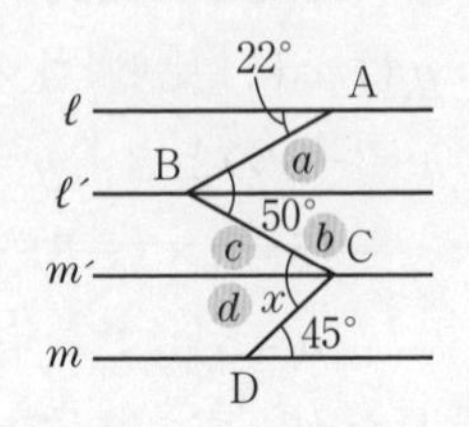

右の図のように，点A，B，C，Dを定める。点Bを通って ℓ に平行な直線を引き，ℓ' とする。また，点Cを通って m に平行な直線を引き，m' とする。

右の図のように $\angle a$，$\angle b$，$\angle c$，$\angle d$ とおくと，

$\ell /\!/ \ell'$ より，$\angle a = 22°$ ← 平行線の錯角は等しい。

$\angle b = 50° - 22°$

$= 28°$

$\ell' /\!/ m'$ より，$\angle c = \angle b$ ← 平行線の錯角は等しい。

$= 28°$

$m' /\!/ m$ より，$\angle d = 45°$ ← 平行線の錯角は等しい。

よって，

$\angle x = \angle c + \angle d$

$= 28° + 45°$

$= \underline{73°}$

(30)〈**図形の角**〉 ☞ 本冊P93 POINT4

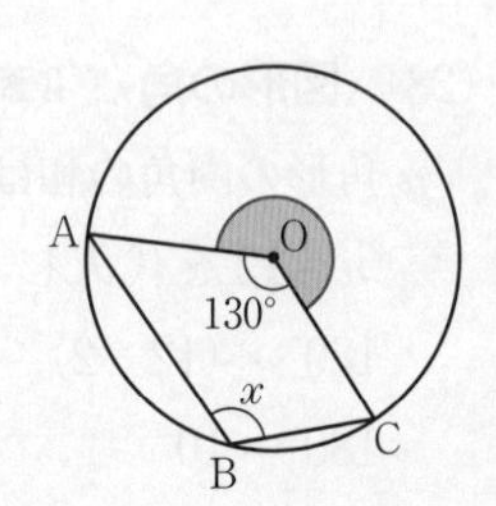

$\angle x$ が示す $\angle$ABCは，点Bを含まない $\overset{\frown}{\mathrm{AC}}$ に対する円周角で，その中心角は，

$360° - 130° = 230°$

中心角230°の $\overset{\frown}{\mathrm{AC}}$ に対する円周角だから，

$\angle x = \frac{1}{2}\angle \mathrm{AOC} = \frac{1}{2} \times 230° = \underline{115°}$

3級　予想模擬検定〈第1回〉

2次：数理技能検定　解答と解説

1 〈関数〉 ☞本冊P130 POINT

(1) 点Aと点Pはy座標が等しくなるので，点Pの座標を$(x, 9)$とおく。点Pは，放物線上にあるので，$y=x^2$に座標を代入すると，

$9=x^2$

$x=\pm 3$

ここで，点Pのx座標は正なので，求める座標は，

(3，9)

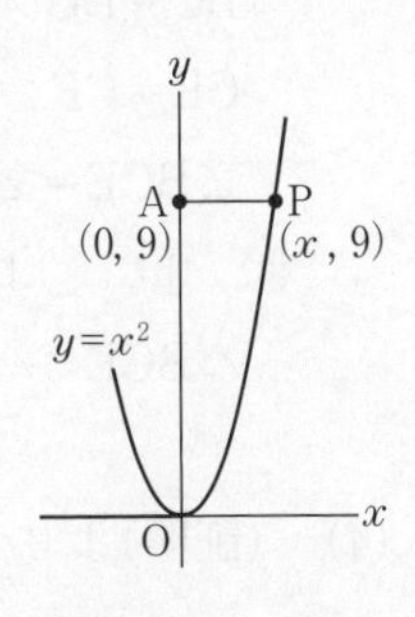

(2)　xの変域が$-1 \leqq x \leqq 2$のとき，放物線$y=x^2$のyの最小値は原点Oのy座標の$y=0$である。また，$y=x^2$に$x=-1$，$x=2$をそれぞれ代入すると，

$y=(-1)^2=1$　　　$y=2^2=4$

よって，放物線$y=x^2$のyの最大値は点$(2, 4)$のy座標の$y=4$である。したがって，このときのyの変域は，**$0 \leqq y \leqq 4$**

(3)　△AQPの底辺をAPとすると，

$AP=3-0=3$

$y=x^2$に点Qのx座標$x=1$を代入すると，

$y=1^2=1$

このとき，点Qと点Aや点Pとのy座標の差が高さだから，

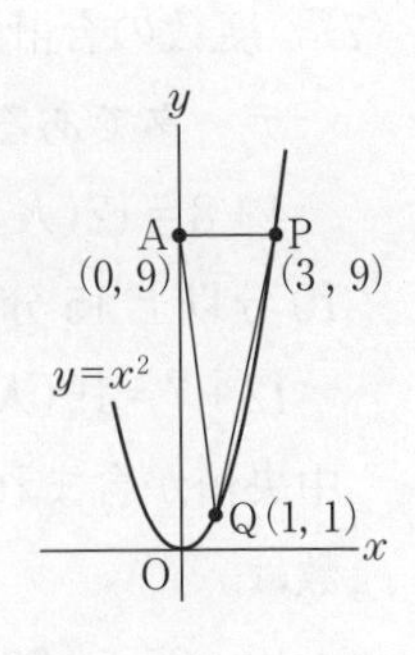

$$\triangle AQP=\frac{1}{2}\times 3\times(9-1)$$

$$=\frac{1}{\cancel{2}_1}\times 3\times \cancel{8}^4$$

$$=\mathbf{12(cm^2)}$$

2 〈三角形と四角形〉 ☞本冊P140 POINT

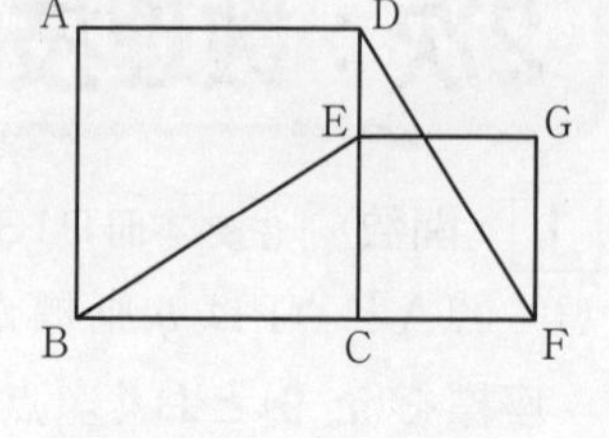

（証明） △BCEと△DCFにおいて，

仮定より，四角形ABCD，ECFGはともに正方形だから，

BC＝DC …ⓐ

CE＝CF …ⓑ

∠BCE＝∠DCF＝90° …ⓒ

ⓐ，ⓑ，ⓒより，2組の辺とその間の角がそれぞれ等しいから，

△BCE≡△DCF （証明終）

(4) （証明）より，**①，③，⑥**

(5) （証明）より，**2組の辺とその間の角がそれぞれ等しい**

3 〈データの活用〉 ☞本冊P176 POINT 1

(6) もっとも度数が大きい階級は5分以上10分未満で，最頻値はその階級の階級値だから，

(5＋10)÷2＝**7.5（分）**

(7) 度数の合計が25人だから，中央値は小さいほうから13番目の人のデータである。5分以上10分未満の階級の累積度数が，

4＋8＝12(人)

10分以上15分未満の階級の累積度数が

12＋7＝19(人)

中央値が含まれる階級は10分以上15分未満だから，求める累積相対度数は，

19÷25＝**0.76**

4 〈方程式〉 ☞ 本冊P120 POINT

(8) 「たくやさんの出した金額は，はなさんの出した金額の 4 倍より 200 円少ない」を式にすると，

$x = 4y - 200$ …①

「定価 2000円の商品を 10％割り引いてもらい，ちょうど買うことができた」

これを式にすると，

$2000 \times \frac{9}{10} = x + y$ …②

（$\frac{9}{10}$：定価の 9 割）

これより，求める連立方程式は，

$$\begin{cases} \boldsymbol{x = 4y - 200} \\ \boldsymbol{2000 \times \frac{9}{10} = x + y} \end{cases}$$

(9) ②を整理すると，

$1800 = x + y$ …②′

②′に①を代入して，

$1800 = (4y - 200) + y$

$-5y = -2000$ （y の項は左辺へ，数の項は右辺へ移項する。）

$y = 400$ （両辺を-5でわる。）

$y = 400$ を①に代入して，

$x = 4 \times 400 - 200$

$= 1400$

これらの解は問題に合う。

よって，**たくやさんが 1400円，はなさんが 400円**。

5 〈確率〉 ☞本冊P168 POINT

(10)　右の表より，くじの引き方が21通りで，2本とも当たりくじである場合が3通りだから，求める確率は，

$\frac{3}{21}=\underline{\frac{1}{7}}$

	○	○	○	×	×	×	×
○		★	★				
○			★				
○							
×							
×							
×							
×							

(11)　右の表より，くじの引き方が42通りで，1本目がはずれくじで，2本目が当たりくじである場合が12通りだから，求める確率は，

$\frac{12}{42}=\underline{\frac{2}{7}}$

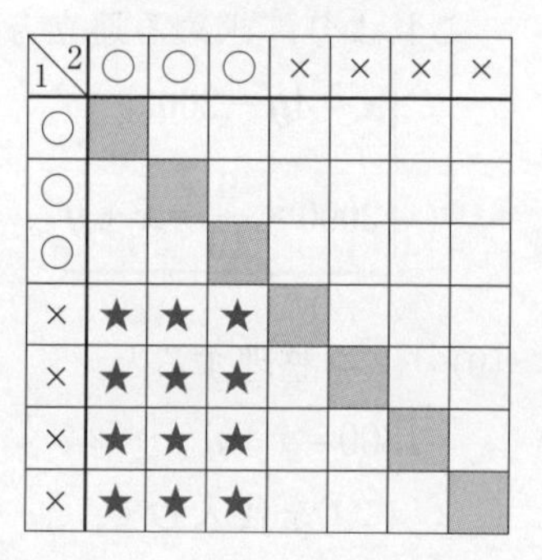

1＼2	○	○	○	×	×	×	×
○							
○							
○							
×	★	★	★				
×	★	★	★				
×	★	★	★				
×	★	★	★				

(12)　右の表より，「2本ともはずれくじである」が起こらないのは(49－16＝)33通りあるから，求める確率は，

$\underline{\frac{33}{49}}$

1＼2	○	○	○	×	×	×	×
○							
○							
○							
×				▼	▼	▼	▼
×				▼	▼	▼	▼
×				▼	▼	▼	▼
×				▼	▼	▼	▼

6 〈関数〉 ☞本冊P80 POINT 1，本冊P130 POINT

(13) y は x に比例するから，$y=ax$（aは比例定数）と表せる。

$x=-6$ のとき $y=4$ だから，

$4=a\times(-6)$

$-6a=4$

$a=-\dfrac{2}{3}$

したがって，$\underline{\boldsymbol{y=-\dfrac{2}{3}x}}$

(14) y は x に反比例するから，$y=\dfrac{a}{x}$（aは比例定数）と表せる。

$x=-6$ のとき $y=4$ だから，

$4=\dfrac{a}{-6}$

$a=-24$

したがって，$y=-\dfrac{24}{x}$ となり，$xy=-24$ だから，積が -24 になる整数の組み合わせを考える。x 座標の小さい順に，$(-24,\ 1)$，$(-12,\ 2)$，$(-8,\ 3)$，$(-6,\ 4)$，$(-4,\ 6)$，$(-3,\ 8)$，$(-2,\ 12)$，$(-1,\ 24)$，$(1,\ -24)$，$(2,\ -12)$，$(3,\ -8)$，$(4,\ -6)$，$(6,\ -4)$，$(8,\ -3)$，$(12,\ -2)$，$(24,\ -1)$ の **16 個**。

7 〈図形の相似・三平方の定理〉 ☞本冊P148 POINT

(15) 平行線の錯角が等しいから，△ADF∽△EBFより，

AF：EF＝AD：EB

AF：EF＝6：4

AF：EF＝**3：2**

(16)　(15)より，△ADFと△EBFの相似比は3：2である。△ADF，△EBFの面積を，それぞれS_1，S_2とすると，相似な図形の面積比だから，

$$S_1 : S_2 = 3^2 : 2^2$$

$$\left(\frac{1}{2} \times 6 \times 5\right) : S_2 = 9 : 4$$

$$9S_2 = 15 \times 4$$　← $a : b = m : n$ ならば，$an = bm$

$$S_2 = \overset{5}{\cancel{15}} \times 4 \times \frac{1}{\underset{3}{\cancel{9}}}$$

$$= \underline{\frac{20}{3}(\text{cm}^2)}$$

8 〈方程式〉 ☞ 本冊P120 POINT

(17)　長方形Bは，縦の長さが$(6+x)$cm，横の長さが$(7+x)$cmである。よって，面積は，

$$(6+x)(7+x) = 42 + 6x + 7x + x^2$$

$$= \underline{\boldsymbol{x^2 + 13x + 42}(\text{cm}^2)}$$

(18)

長方形Bの面積が長方形Aの面積より90cm²大きいから，

$$x^2 + 13x + 42 = 6 \times 7 + 90$$

$$x^2 + 13x - 90 = 0$$

$$(x-5)(x+18) = 0$$

$x-5=0$　または $x+18=0$

$x=5$，$x=-18$

xは長さを表す値だから，xは正の数である。

$x=5$は問題に合うが，$x=-18$は問題に合わない。

よって，$\underline{\boldsymbol{x=5}}$

9 〈空間図形〉 ☞本冊P158 POINT

右の図のように，円錐の展開図で，底面の円の円周の長さと側面のおうぎ形の弧の長さは等しい。求める弧の長さは，

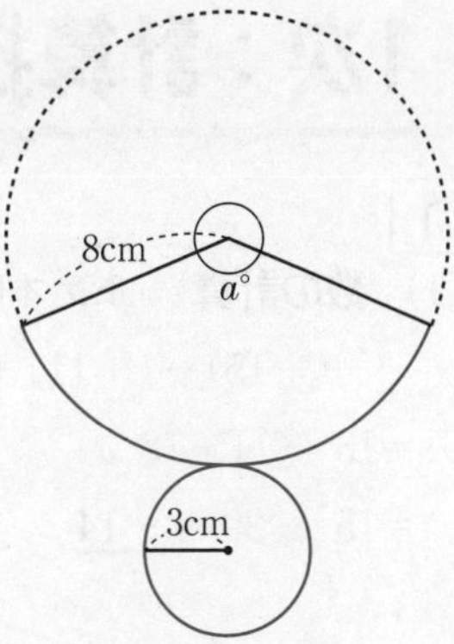

$2\pi \times 3 = 6\pi$ (cm)

母線の長さを半径とする円の周の長さは，

$2\pi \times 8 = 16\pi$ (cm)

(19) 側面のおうぎ形の面積をSとする。Sと半径8 cmの円の面積の比は，弧の長さと半径8 cmの円の円周の長さの比に等しいから，

$$S = (\pi \times 8^2) \times \frac{6\pi}{16\pi}$$

$$= \overset{8}{\cancel{64}}\pi \times \frac{3}{\underset{1}{\cancel{8}}}$$

$$= \underline{24\pi\ (\mathrm{cm}^2)}$$

※底面の円の半径を r，母線の長さをRとすると，

$$S = \pi R^2 \times \frac{2\pi r}{2\pi R}$$

$$= \pi R^{\cancel{2}} \times \frac{r}{\underset{1}{\cancel{R}}}$$

$$= \pi r R$$

よって，$S = \pi R r$ が成り立つ。

(20) 側面のおうぎ形の中心角の大きさを$a°$とする。$a°$と$360°$の比は，弧の長さと半径8 cmの円の円周の長さの比に等しいから，

$$a° = 360° \times \frac{6\pi}{16\pi}$$

$$= \overset{45}{\cancel{360}}° \times \frac{3}{\underset{1}{\cancel{8}}}$$

$$= \underline{135°}$$

3級　予想模擬検定〈第2回〉

1次：計算技能検定　解答と解説

1

(1)〈**数の計算**〉 ☞ 本冊P30 POINT1

$-(-15)-(+11)+(-18)$

$=15-11-18$

符号に注意して( )をはずす。

$=15-29=\underline{-14}$

(2)〈**数の計算**〉 ☞ 本冊P31 POINT2

$-7\times4+32\div(-8)$

$=-28+(-4)$

乗法・除法を先に計算する。

$=-28-4=\underline{-32}$

(3)〈**数の計算**〉 ☞ 本冊P31 POINT2

$-3^2\times(-7)-(-2)^3\times5$

$=-3\times3\times(-7)-(-2)\times(-2)\times(-2)\times5$

$=-9\times(-7)-(-8)\times5$

乗法を計算する。

$=63+40=\underline{103}$

(4)〈**数の計算**〉 ☞ 本冊P31 POINT2

$\frac{7}{18}\div\left(-\frac{14}{27}\right)-\frac{3}{10}$

逆数をかける。

$=-\frac{\overset{1}{\cancel{7}}}{\underset{2}{\cancel{18}}}\times\frac{\overset{3}{\cancel{27}}}{\underset{2}{\cancel{14}}}-\frac{3}{10}$

乗法を計算する。

$=-\frac{3}{4}-\frac{3}{10}$

通分する。

$=-\frac{15}{20}-\frac{6}{20}$

$=\underline{-\frac{21}{20}}$

(5)〈**数の計算**〉 ☞ 本冊P32 POINT3

$$\sqrt{2}(3+\sqrt{10})-\sqrt{80}$$
$$=3\sqrt{2}+\sqrt{20}-\sqrt{80}$$

分配法則 $\boldsymbol{a(b+c)=ab+ac}$ を使う。

$$=3\sqrt{2}+\sqrt{2^2\times5}-\sqrt{4^2\times5}$$
$$=3\sqrt{2}+2\sqrt{5}-4\sqrt{5}$$

$\sqrt{\ }$の外に2乗の因数を出す。

$$=3\sqrt{2}+(2-4)\sqrt{5}$$

$\sqrt{5}$をまとめる。

$$=\underline{\boldsymbol{3\sqrt{2}-2\sqrt{5}}}$$

(6)〈**数の計算**〉 ☞ 本冊P32 POINT3, P33 POINT4

$$(\sqrt{7}-3)(\sqrt{7}+5)-\frac{21}{\sqrt{7}}$$
$$=(\sqrt{7})^2+(-3+5)\times\sqrt{7}-3\times5-\frac{21}{\sqrt{7}}$$

乗法公式の利用 $\boldsymbol{(x+a)(x+b)}$
$\boldsymbol{=x^2+(a+b)x+ab}$

$$=7+2\sqrt{7}-15-\frac{21\times\sqrt{7}}{\sqrt{7}\times\sqrt{7}}$$

分母の有理化
分母・分子に$\sqrt{7}$をかける。

$$=7+2\sqrt{7}-15-\frac{\overset{3}{\cancel{21}}\sqrt{7}}{\underset{1}{\cancel{7}}}$$
$$=7+2\sqrt{7}-15-3\sqrt{7}$$
$$=(7-15)+(2-3)\sqrt{7}$$

数の項と$\sqrt{7}$の項をまとめる。

$$=\underline{\boldsymbol{-8-\sqrt{7}}}$$

(7)〈**式の計算**〉 ☞ 本冊P42 POINT1

$$6(3x-8)-7(2x+6)$$
$$=18x-48-14x-42$$

分配法則
$\boldsymbol{m(a+b)=ma+mb}$ を使う。

$$=(18-14)x-48-42$$

文字の項，数の項どうしをまとめる。

$$=\underline{\boldsymbol{4x-90}}$$

(8) **〈式の計算〉** ☞ 本冊P42 POINT1

$$0.2(0.6x-8)-0.3(0.5x-3)$$
$$=0.12x-1.6-0.15x+0.9$$
$$=(0.12-0.15)x-1.6+0.9$$
$$=\underline{\boldsymbol{-0.03x-0.7}}$$

分配法則を使って( )をはずす。

文字の項，数の項どうしをまとめる。

(9) **〈式の計算〉** ☞ 本冊P42 POINT1

$$8(6x-2y)+4(-7x+3y)$$
$$=48x-16y-28x+12y$$
$$=(48-28)x+(-16+12)y$$
$$=\underline{\boldsymbol{20x-4y}}$$

分配法則を使って( )をはずす。

同類項をまとめる。

(10) **〈式の計算〉** ☞ 本冊P43 POINT2

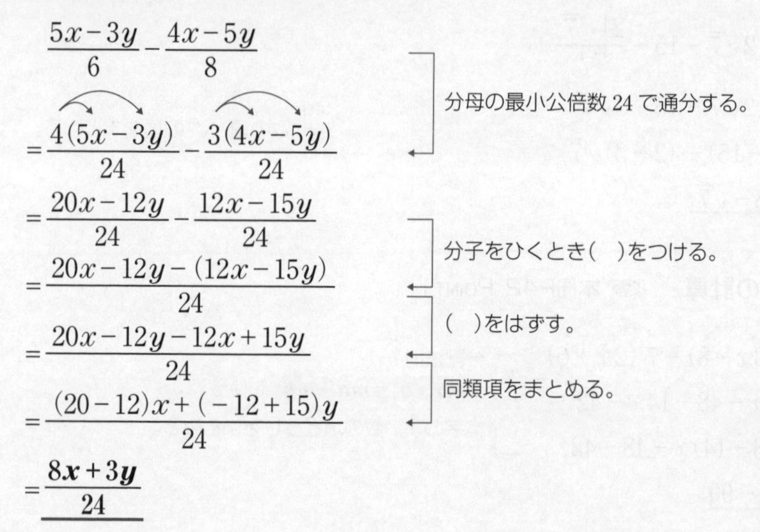

$$\frac{5x-3y}{6}-\frac{4x-5y}{8}$$
$$=\frac{4(5x-3y)}{24}-\frac{3(4x-5y)}{24}$$
$$=\frac{20x-12y}{24}-\frac{12x-15y}{24}$$
$$=\frac{20x-12y-(12x-15y)}{24}$$
$$=\frac{20x-12y-12x+15y}{24}$$
$$=\frac{(20-12)x+(-12+15)y}{24}$$
$$=\underline{\boldsymbol{\frac{8x+3y}{24}}}$$

分母の最小公倍数 24 で通分する。

分子をひくとき( )をつける。

( )をはずす。

同類項をまとめる。

(11)〈**式の計算**〉 ☞ 本冊P44 POINT3

$4x^2y\times(-3xy)\div 2x^3y$

$=-\dfrac{\overset{2}{\cancel{4}}\cancel{x^2}\cancel{y}\times 3\cancel{x}y}{\underset{1}{\cancel{2}}\cancel{x^3}\cancel{y}}=\underline{\boldsymbol{-6y}}$

(12)〈**式の計算**〉 ☞ 本冊P31 POINT2, P44 POINT3

$\dfrac{1}{6}xy^4\div\left(-\dfrac{4}{3}x^2y^3\right)^2\times\dfrac{8}{15}xy^3$

累乗を計算する。

$\left(-\dfrac{4x^2y^3}{3}\right)^2=\left(-\dfrac{4x^2y^3}{3}\right)\times\left(-\dfrac{4x^2y^3}{3}\right)$

$=\dfrac{xy^4}{6}\div\dfrac{16x^4y^6}{9}\times\dfrac{8xy^3}{15}$

逆数をかける。

$=\dfrac{xy^4}{6}\times\dfrac{9}{16x^4y^6}\times\dfrac{8xy^3}{15}$

$=\dfrac{\cancel{x}\cancel{y^4}\times\overset{1}{\cancel{9}}\times\overset{1}{\cancel{8}}\cancel{x}\cancel{y^3}}{\underset{2}{\cancel{6}}\times\underset{2}{\cancel{16}}\cancel{x^4}^{2}\cancel{y^6}^{2}\times\underset{5}{\cancel{15}}}$ ← 約分する。

$=\underline{\boldsymbol{\dfrac{y}{20x^2}}}$

2

(13)〈**式の展開・因数分解**〉 ☞ 本冊P18 POINT1

$(6x+y)(4x-3y)$

分配法則を利用する。

$=24x^2-18xy+4xy-3y^2$

同類項をまとめる。

$=\underline{\boldsymbol{24x^2-14xy-3y^2}}$

(14)〈**式の展開・因数分解**〉 ☞ 本冊P19 POINT2

$(3x-1)(3x+2)-(x-2)(x+2)$

$(x+a)(x+b)=x^2+(a+b)x+ab$　　$(a+b)(a-b)=a^2-b^2$

乗法公式の利用。

$=9x^2+3x-2-(x^2-4)$

かっこをはずす。

$=9x^2+3x-2-x^2+4$

同類項をまとめる。

$=\underline{\boldsymbol{8x^2+3x+2}}$

3

(15) 〈**式の展開・因数分解**〉 ☞ 本冊P19 POINT3

x^2-49y^2

$=x^2-(7y)^2$

$=\underline{(x+7y)(x-7y)}$

$a^2-b^2=(a+b)(a-b)$ を利用する。

(16) 〈**式の展開・因数分解**〉 ☞ 本冊P19 POINT3

$x^3y+2x^2y-15xy$

$=xy(x^2+2x-15)$

$=xy\{x^2+(5-3)x+5\times(-3)\}$

$=\underline{xy(x+5)(x-3)}$

共通因数 xy をくくり出す。

$x^2+(a+b)x+ab=(x+a)(x+b)$ を利用する。

4

(17) 〈**1次方程式・2次方程式**〉 ☞ 本冊P56 POINT1

$-3x-5=-6x-20$

$-3x+6x=-20+5$

$3x=-15$

$\underline{x=-5}$

x の項は左辺へ，数の項は右辺へ移項する。

$ax=b$ の形にする。

両辺を 3 でわる。

(18) 〈**1次方程式・2次方程式**〉 ☞ 本冊P56 POINT1

$0.6(6x-0.7)=0.5(0.4x-0.5)$

$6(6x-0.7)=5(0.4x-0.5)$

$36x-4.2=2x-2.5$

$36x-2x=-2.5+4.2$

$34x=1.7$

$\underline{x=0.05}$

両辺に10 をかける。

小数点の位置に気をつけ(　)をはずす。

x の項は左辺へ，数の項は右辺へ移項する。

両辺を 34 でわる。

(19)〈1次方程式・2次方程式〉

$81x^2-25=0$

$81x^2=25$ ← $ax^2=b$ の形にする。

$x^2=\frac{25}{81}$ ← 両辺を 81 でわる。

$\underline{\boldsymbol{x=\pm\frac{5}{9}}}$ ← x は 2 乗すると $\frac{25}{81}$ になる。→ x は $\frac{25}{81}$ の平方根である。

(20)〈1次方程式・2次方程式〉 ☞ 本冊P59 POINT4

$x^2-3x-2=0$

$x=\frac{-(-3)\pm\sqrt{(-3)^2-4\times1\times(-2)}}{2\times1}$ ← $\boldsymbol{x=\frac{-b\pm\sqrt{b^2-4ac}}{2a}}$ に $a=1$, $b=-3$, $c=-2$を代入する。

$=\frac{3\pm\sqrt{9+8}}{2}$

$=\underline{\boldsymbol{\frac{3\pm\sqrt{17}}{2}}}$

5

(21)〈連立方程式〉 ☞ 本冊P69 POINT2

$\begin{cases} 3x+5y=2 & \cdots① \\ 2x+y=6 & \cdots② \end{cases}$

$3x+5y=2 \quad \cdots①$

②×5より，$-)\ 10x+5y=30 \quad \cdots②'$

①−②′より，$-7x=-28$ ← y を消去する。

$x=4$ ← 両辺を − 7 でわる。

$x=4$ を②に代入して，$2\times4+y=6$

$y=6-8$

$y=-2$

よって，$\underline{\boldsymbol{\begin{cases} x=4 \\ y=-2 \end{cases}}}$

(22)〈**連立方程式**〉 ☞ 本冊P68 POINT1

$$\begin{cases} \dfrac{x}{3}+\dfrac{y}{4}=-\dfrac{1}{6} & \cdots① \\ y=-2x-4 & \cdots② \end{cases}$$

①×12より，$4x+3y=-2$ …①′ ← 分数係数を整数にする。

②を①′に代入して，

$$4x+3(-2x-4)=-2$$
$$4x-6x-12=-2$$
$$-2x=10$$
$$x=-5$$

$x=-5$ を②に代入して，$y=10-4=6$

よって，$\begin{cases} \boldsymbol{x=-5} \\ \boldsymbol{y=6} \end{cases}$

6

(23)〈**データの分布**〉 ☞ 本冊P104 POINT

10 kgごとに階級を区切っているから，階級の幅は **10kg** である。

(24)〈**確率**〉 ☞ 本冊P108 POINT

表と裏の出方の樹形図は，右のようになる。1枚だけ表が出るのは，(表，裏，裏)と(裏，表，裏)と(裏，裏，表)の3通りだから，求める確率は，

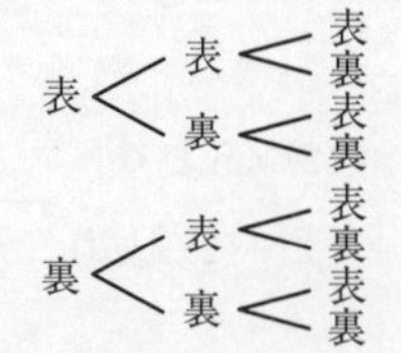

$\dfrac{3}{8}$

(25)〈**式の計算**〉 ☞ 本冊P45 POINT4

$3x+2y-7=0$

$2y=-3x+7$ ← $3x$, -7 を右辺へ移項する。

$y=\dfrac{-3x+7}{2}$ ← 両辺を2でわる。

(26)〈**比例と反比例・関数 $y=ax^2$**〉 ☞ 本冊P80 POINT1

y は x に 反比例 するから, $y=\dfrac{a}{x}$ (a は比例定数)と表せる。

$x=8$ のとき, $y=-3$ だから,

$-3=\dfrac{a}{8}$ ← $y=\dfrac{a}{x}$ に代入する。

$a=-24$ ← a の値を求める。

よって, $y=-\dfrac{24}{x}$

(27)〈**比例と反比例・関数 $y=ax^2$**〉 ☞ 本冊P81 POINT2

y は x の 2乗に比例 するから, $y=ax^2$ (aは比例定数)と表せる。

$x=-3$ のとき, $y=-6$ だから,

$-6=a\times(-3)^2$

$9a=-6$

$a=-\dfrac{2}{3}$

したがって, $y=-\dfrac{2}{3}x^2$となり, $x=6$ を代入して,

$y=-\dfrac{2}{3}\times 6^2$

$=\underline{-24}$

(28)〈**図形の角**〉 ☞ 本冊P91 POINT2

1つの内角の大きさが135°だから，

1つの外角の大きさは，

$180° - 135° = 45°$

n 角形の外角の和は360°だから，

$45° \times n = 360°$

$n = 360° \div 45° = 8$

（1つの外角）× n ＝外角の和

よって，<u>**正八角形**</u>。

(29)〈**図形の角**〉 ☞ 本冊P90 POINT1，P92 POINT3

三角形の1つの外角の大きさは，となり合わない2つの内角の和に等しく，また，平行線の錯角は等しいから，

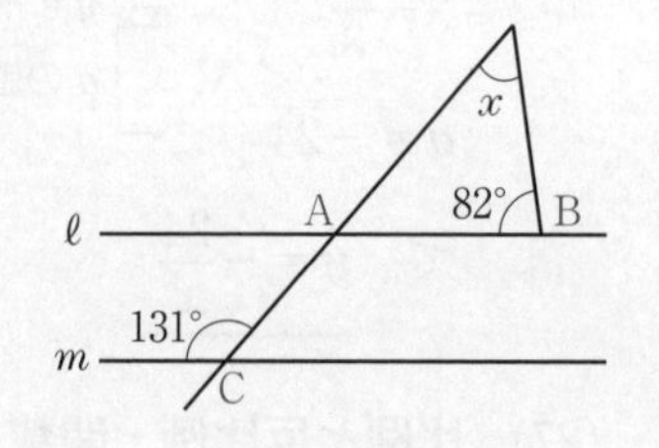

$\angle x = \angle BAC - 82°$

$= 131° - 82°$

$= \underline{\mathbf{49°}}$

(30)〈**図形の角**〉 ☞ 本冊P93 POINT4

$\overset{\frown}{CD}$に対する円周角だから，

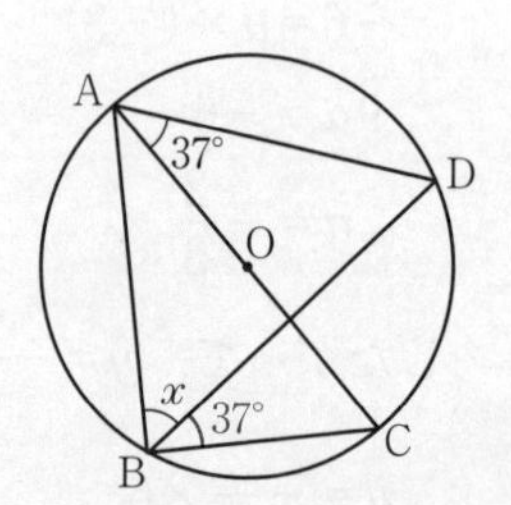

$\angle CBD = \angle CAD = 37°$

ACが直径で，半円の弧に対する円周角は90°だから，

$\angle ABC = 90°$

$\angle x = \angle ABC - \angle CBD$

$= 90° - 37° = \underline{\mathbf{53°}}$

3級　予想模擬検定〈第2回〉

2次：数理技能検定　解答と解説

1 〈平方根〉

(1)　6, $\sqrt{11n}$, 7はともに正の数だから, $6 \leqq \sqrt{11n} \leqq 7$の各辺を2乗すると,

$36 \leqq 11n \leqq 49$

nが整数だから, $11n$は36以上49以下の11の倍数である。したがって,

$11n = 44$

$n = \underline{4}$

(2)　$2(x^2-y^2)$を因数分解してから代入する。

$(x+y)(x-y)$が$(x+y)\times(x-y)$であることに注意する。

$$2(x^2-y^2) = 2(x+y)(x-y)$$
$$= 2(3+\sqrt{3}+3-\sqrt{3})(3+\sqrt{3}-3+\sqrt{3})$$
$$= 2\times 6\times 2\sqrt{3}$$
$$= \underline{24\sqrt{3}}$$

2 〈関数〉　☞ 本冊P130 POINT

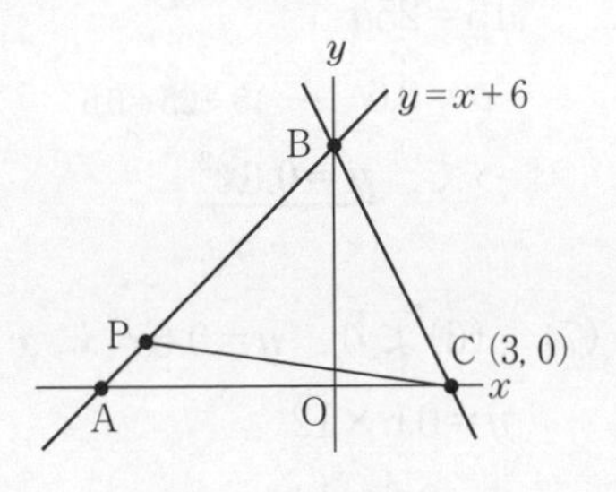

(3)　x軸上の点Aのy座標は0だから,

$y=x+6$に$y=0$を代入すると,

$0=x+6$

$x=-6$

よって, **$\underline{\text{A}(-6,\ 0)}$**

(4)　点Bは$y=x+6$の切片だから, B(0, 6)とわかる。直線BCの切片も6だから, 求める式を$y=ax+6$とし, C(3, 0)を代入すると,

$0=3a+6$

$a=-2$

よって, **$\underline{y=-2x+6}$**

(5)　$y=x+6$ に $x=-5$ を代入すると，

$y=-5+6=1$

よって，P(−5, 1)とわかる。△BACと△PACの共通の底辺ACは，

AC＝3−(−6)＝9

このとき，△BACと△PACの高さは，それぞれ，点B，Pの y 座標だから，

$$\triangle PCB = \triangle BAC - \triangle PAC$$

$$= \frac{1}{2} \times 9 \times 6 - \frac{1}{2} \times 9 \times 1$$

$$= \frac{54}{2} - \frac{9}{2}$$

$$= \mathbf{\frac{45}{2}(cm^2)}$$

3　〈関数〉　☞本冊P130 POINT

(6)　y は x の2乗に比例するから，$y=ax^2$（aは比例定数）と表せる。

$x=5$ と $y=15$を代入すると，

$15=a\times 5^2$

$15=25a$

$a=0.6$　← $15\div 25=0.6$

よって，$\mathbf{y=0.6x^2}$

(7)　(6)より，$y=0.6x^2$ に $x=12$ を代入すると，

$y=0.6\times 12^2$

$=0.6\times 144$

$=$**86.4(m)**

(8)　$y=0.6x^2$ に，$x=10$ と $x=15$ をそれぞれ代入すると，

$y=0.6\times10^2$
$=0.6\times100$
$=60$

$y=0.6\times15^2$
$=0.6\times225$
$=135$

(10, 60)から(15, 135)までの平均の速さは，

$\frac{135-60}{15-10}=\frac{75}{5}=$ **(秒速)15(m)**

4 〈文字式〉 ☞本冊P114 POINT 1

(9)　連続する3つの自然数のうち，もっとも小さい自然数をnとして，それぞれnの式で，小さい順に表すと，

$\boldsymbol{n,\ n+1,\ n+2}$

(10)

（説明）

(9)より，もっとも小さい数ともっとも大きい数の積と中央の数の2乗の和は，

$n(n+2)+(n+1)^2$
$=n^2+2n+n^2+2n+1$
$=2n^2+4n+1$
$=2(n^2+2n)+1$

n^2+2n は整数だから，$2(n^2+2n)+1$ は奇数である。
したがって，連続する3つの自然数のもっとも小さい数ともっとも大きい数の積と中央の数の2乗の和は，奇数である。（説明終）

5 〈三角形と四角形〉 ☞本冊P140 POINT

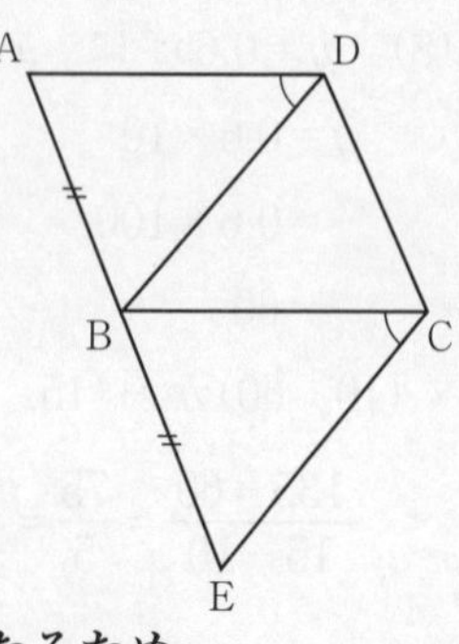

(11)　∠ADBと∠BCEが等しいことを証明するには，それぞれの角が含まれる2つの三角形を探せばよい。

よって，**△ADBと△BCE**

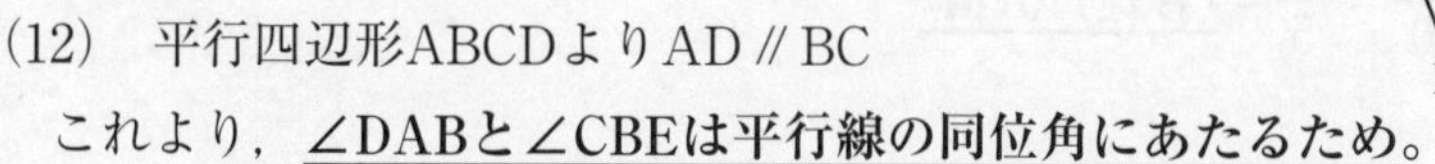

(12)　平行四辺形ABCDよりAD∥BC

これより，**∠DABと∠CBEは平行線の同位角にあたるため**。

(13)　△ADBと△BCEにおいて，

　AD＝BC(平行四辺形の向かい合う辺)

　AB＝BE(仮定より)

　∠DAB＝∠CBE(平行線の同位角)

以上より，２組の辺とその間の角がそれぞれ等しいので，

△ADB≡△BCE

よって，用いる合同条件は**「２組の辺とその間の角がそれぞれ等しい」**

6 〈データの活用〉 ☞本冊P177 POINT2

(14)　データを４等分する。赤い数字または▼の左右２つのデータの値の平均が四分位数を表す。

　4，5，6，6，6▼7，8，8，9，10，11，

　11，11，12，12，13▼13，15，16，16，17

最小値４，第１四分位数6.5，第２四分位数(中央値)11，

第３四分位数13，最大値 17 で，A群の箱ひげ図をかき入れる。

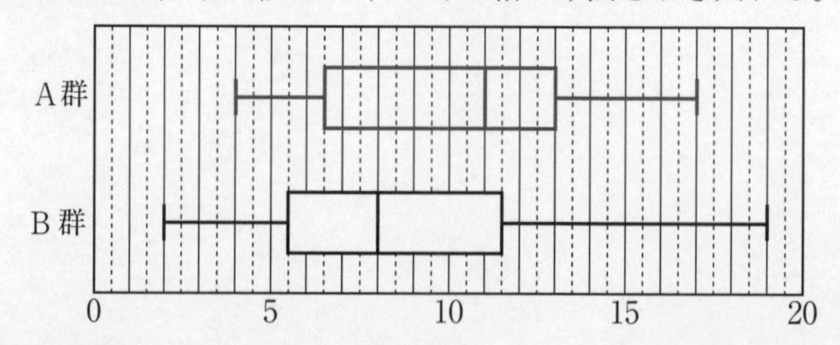

(15)　ア…B群の第3四分位数は11.5だが,「11▼12」の平均以外にも,「10▼13」などの平均である可能性があるから，正しいとは限らない。

イ…(分布の) 範囲は最大値と最小値の差で，A群が13でB群が17だから，正しい。

ウ…3つの四分位数は，すべてA群のほうが大きいから，正しい。

エ…B群の第2四分位数(中央値)の8は，10番目と11番目のデータの平均であって，8がない可能性があるから，正しいとは限らない。

オ…B群の小さいほうから5番目のデータは5.5以下の整数とわかり，5以下だから，正しい。

よって，**イ，ウ，オ**

7 〈確率〉 ☞本冊P168 POINT

2つの異なるものから同時に1つずつ選ぶ問題で，球の選び方は20通りある。

(16)　右の表より，選んだ球の数の和が素数になる場合が6通りだから，求める確率は，

$\frac{6}{20}=\frac{3}{10}$

A＼B	5	6	7	8	9
1	6	7	8	9	10
2	7	8	9	10	11
3	8	9	10	11	12
4	9	10	11	12	13

(17)　右の表より，選んだ球の数の積が4の倍数になる場合が9通りだから，求める確率は，

$\frac{9}{20}$

A＼B	5	6	7	8	9
1	5	6	7	8	9
2	10	12	14	16	18
3	15	18	21	24	27
4	20	24	28	32	36

8 〈標本調査〉 ☞ 本冊P184 Point

(18) 箱から取り出した144個のビーズの数の比から，箱の中のビーズの数を推定する。箱の中のビーズの数を x 個とすると，

$x : 140 = 144 : 8$

$x : 140 = 18 : 1$

$x = \underline{2520（個）}$

9 〈図形の相似・三平方の定理〉〈空間図形〉

☞ 本冊P148 Point，P158 Point

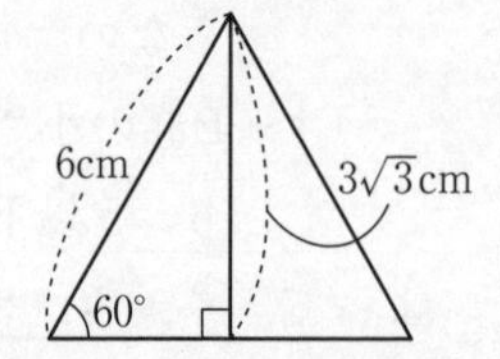

右の図のように，底面の正三角形で，頂点から底辺に垂線を引くと，1つの鋭角が60°の直角三角形ができる。正三角形の高さを h とすると，

$6 : h = 2 : \sqrt{3}$

$2h = 6\sqrt{3}$ ← $a : b = m : n$ ならば，$an = bm$

$h = 3\sqrt{3}$（cm）

(19) 正三角柱の体積は，

$$\left(\frac{1}{2} \times 6 \times 3\sqrt{3}\right) \times 5\sqrt{3} = \underline{135（\mathrm{cm}^3）}$$

(20) 正三角柱の表面積は，

$$\left(\frac{1}{2} \times 6 \times 3\sqrt{3}\right) \times 2 + (5\sqrt{3} \times 6) \times 3 = 18\sqrt{3} + 90\sqrt{3}$$
$$= \underline{108\sqrt{3}（\mathrm{cm}^2）}$$

3級　過去問題

1次：計算技能検定　解答と解説

1

(1)〈**数の計算**〉 ☞ 本冊P30 POINT1

$$4-(-12)-3$$
$$=4+12-3$$
$$=16-3$$
$$=\underline{13}$$

符号に注意して(　)をはずす。
正の数と負の数をそれぞれまとめる。

(2)〈**数の計算**〉 ☞ 本冊P31 POINT2

$$39-15\div(-3)$$
$$=39+5$$
$$=\underline{44}$$

乗法・除法を先に計算する。

(3)〈**数の計算**〉 ☞ 本冊P31 POINT2

$$-4^2+5^3$$
$$=-4\times4+5\times5\times5$$
$$=-16+125$$
$$=\underline{109}$$

乗法を計算する。

(4)〈**数の計算**〉 ☞ 本冊P31 POINT2

$$-\frac{8}{15}\div\frac{3}{10}\times\left(-\frac{1}{4}\right)$$
$$=-\frac{8}{15}\times\frac{10}{3}\times\left(-\frac{1}{4}\right)$$
$$=+\frac{\overset{2}{\cancel{8}}\times\overset{2}{\cancel{10}}\times1}{\underset{3}{\cancel{15}}\times3\times\underset{1}{\cancel{4}}}$$
$$=\underline{\frac{4}{9}}$$

除法を逆数の乗法にする。

(5)〈**数の計算**〉 ☞ 本冊P32 POINT3

$\sqrt{54}+\sqrt{24}-\sqrt{96}$

$=\sqrt{3^2\times6}+\sqrt{2^2\times6}-\sqrt{4^2\times6}$

$\sqrt{\ }$ の外に2乗の因数を出す。

$=3\sqrt{6}+2\sqrt{6}-4\sqrt{6}$

$\sqrt{6}$ の項をまとめる。

$=\underline{\sqrt{6}}$

(6)〈**数の計算**〉 ☞ 本冊P32 POINT3, P33 POINT4

$(\sqrt{3}+4)^2-\dfrac{24}{\sqrt{3}}$

乗法公式の利用と分母の有理化をする。

$=(\sqrt{3})^2+2\times\sqrt{3}\times4+4^2-\dfrac{24\times\sqrt{3}}{\sqrt{3}\times\sqrt{3}}$

$=3+8\sqrt{3}+16-\dfrac{\overset{8}{\cancel{24}}\sqrt{3}}{\underset{1}{\cancel{3}}}$

$=19+8\sqrt{3}-8\sqrt{3}$

$=\underline{\mathbf{19}}$

(7)〈**式の計算**〉 ☞ 本冊P42 POINT1

$9(7x-2)-8(x-4)$

分配法則を使って( )をはずす。

$=63x-18-8x+32$

$=\underline{\mathbf{55x+14}}$

(8)〈**式の計算**〉 ☞ 本冊P43 POINT2

$\dfrac{2x+1}{3}+\dfrac{4x-1}{9}$

分母の最小公倍数の9で通分する。

$=\dfrac{3(2x+1)+(4x-1)}{9}$

分配法則を使って( )をはずす。

$=\dfrac{6x+3+4x-1}{9}$

$=\underline{\dfrac{\mathbf{10x+2}}{\mathbf{9}}}$

(9)〈**式の計算**〉 ☞ 本冊P42 POINT1

$$9(2x+5y)+3(x-6y)$$
$$=18x+45y+3x-18y$$
$$=\underline{\mathbf{21x+27y}}$$

分配法則を使って( )をはずす。

(10)〈**式の計算**〉 ☞ 本冊P42 POINT1

$$0.7(5x-2y)-0.3(9x+y)$$
$$=3.5x-1.4y-2.7x-0.3y$$
$$=\underline{\mathbf{0.8x-1.7y}}$$

分配法則を使って( )をはずす。

(11)〈**式の計算**〉 ☞ 本冊P44 POINT3

$$-51x^2y^2\div(-17xy^2)$$
$$=\frac{51x^2y^2}{17xy^2}$$
$$=\underline{\mathbf{3x}}$$

除法を逆数の乗法にする。

(12)〈**式の計算**〉 ☞ 本冊P44 POINT3

$$-\frac{8}{9}x^4y\div\left(-\frac{2}{3}x^3y^2\right)\times\frac{15}{4}xy^3$$
$$=\frac{8x^4y\times3\times15xy^3}{9\times2x^3y^2\times4}$$
$$=\underline{\mathbf{5x^2y^2}}$$

除法を逆数の乗法にする。

2

(13)〈**式の展開・因数分解**〉 ☞ 本冊P19 POINT2

$$(x+6y)(x-3y)$$
$$=\underline{\mathbf{x^2+3xy-18y^2}}$$

$(x+a)(x+b)=x^2+(a+b)x+ab$ を利用。

(14)〈**式の展開・因数分解**〉 ☞ 本冊P19 POINT2

$(x-9)^2-(x-7)(x+7)$

$=x^2-18x+81-(x^2-49)$

$=x^2-18x+81-x^2+49$

$=\underline{\boldsymbol{-18x+130}}$

$(a-b)^2=a^2-2ab+b^2$ を利用。
$(a+b)(a-b)=a^2-b^2$ を利用。

3

(15)〈**式の展開・因数分解**〉 ☞ 本冊P19 POINT3

x^2+4x+4

$=\underline{\boldsymbol{(x+2)^2}}$

$a^2+2ab+b^2=(a+b)^2$ を利用。

(16)〈**式の展開・因数分解**〉 ☞ 本冊P19 POINT3

$ax^2+10ax+9a$

$=a\times x^2+a\times 10x+a\times 9$

$=a(x^2+10x+9)$

$=\underline{\boldsymbol{a(x+1)(x+9)}}$

共通因数 a をくくり出す。
$x^2+(a+b)x+ab=(x+a)(x+b)$ を利用。

4

(17)〈**1次方程式・2次方程式**〉 ☞ 本冊P56 POINT1

$14x+3=10x-5$

$14x-10x=-5-3$

$4x=-8$

$\underline{\boldsymbol{x=-2}}$

移項する。
両辺を4でわる。

(18)〈1次方程式・2次方程式〉 ☞ 本冊P57 POINT2

$$\frac{3x-32}{12}=\frac{x-20}{6}$$

両辺に分母の最小公倍数 12 をかける。

$$\frac{3x-32}{12}\times 12=\frac{x-20}{6}\times 12$$

(　)をつけて計算する。

$$3x-32=2(x-20)$$

分配法則を使って(　)をはずす。

$$3x-32=2x-40$$

移項する。

$$3x-2x=-40+32$$

$$\boldsymbol{x=-8}$$

(19)〈1次方程式・2次方程式〉 ☞ 本冊P58 POINT3

$$3x^2-48=0$$

両辺を 3 でわる。

$$x^2-16=0$$

左辺を因数分解する。

$$(x-4)(x+4)=0$$

$x-4=0$　または　$x+4=0$

$\boldsymbol{x=4,\ x=-4}$

別解　$3x^2-48=0$

$$3x^2=48$$

両辺を 3 でわる。

$$x^2=16$$

x は 16 の平方根だから，$\boldsymbol{x=\pm 4}$

(20)〈1次方程式・2次方程式〉 ☞ 本冊P59 POINT4

$$x^2-x-5=0$$

$\boldsymbol{x=\frac{-b\pm\sqrt{b^2-4ac}}{2a}}$ に $a=1$, $b=-1$, $c=-5$を代入する。

$$x=\frac{-(-1)\pm\sqrt{(-1)^2-4\times1\times(-5)}}{2\times1}$$

$$x=\frac{1\pm\sqrt{1+20}}{2}$$

$$\boldsymbol{x=\frac{1\pm\sqrt{21}}{2}}$$

5

(21)〈**連立方程式**〉 ☞ 本冊P68 POINT 1

$$\begin{cases} y=3x+12 & \cdots① \\ y=-x-8 & \cdots② \end{cases}$$

①を②に代入する。

$$3x+12=-x-8$$
$$4x=-20$$
$$x=-5$$

$x=-5$ を②に代入して,

$$y=-(-5)-8=-3$$

よって, $\begin{cases} \boldsymbol{x=-5} \\ \boldsymbol{y=-3} \end{cases}$

(22)〈**連立方程式**〉 ☞ 本冊P69 POINT 2

$$\begin{cases} x+2y=4 & \cdots① \\ \dfrac{1}{3}x-\dfrac{1}{4}y=\dfrac{9}{4} & \cdots② \end{cases}$$

②×12より, $4x-3y=27$ …②′

①×4より, $-)\ 4x+8y=16$ …①′

②′−①′より, $-11y=11$ ← x を消去する。

$y=-1$ （両辺を−11でわる。）

$y=-1$ を①に代入して,

$$x-2=4$$
$$x=6$$

よって, $\begin{cases} \boldsymbol{x=6} \\ \boldsymbol{y=-1} \end{cases}$

6

(23)〈**比例と反比例・関数 $y=ax^2$**〉 ☞本冊P80 POINT 1

y は x に反比例するから，$y=\dfrac{a}{x}$（aは比例定数）と表せる。

$x=9$ のとき $y=-3$ だから，

$$-3=\frac{a}{9}$$

$$a=-27$$

したがって，$y=-\dfrac{27}{x}$となり，$x=6$ を代入して，

$$y=-\frac{27}{6}=\underline{-\frac{9}{2}}$$

(24)〈**データの分布**〉 ☞本冊P104 POINT

50 点ごとに階級を区切っているから，階級の幅は **<u>50 点</u>** である。

(25)〈**式の計算**〉 ☞本冊P45 POINT 4

$$3x+5y=20$$

$3x$ を移項する。

$$5y=-3x+20$$

両辺を 5 でわる。

$$y=\underline{\frac{-3x+20}{5}}$$

(26)〈**図形の角**〉 ☞本冊P90 POINT 1

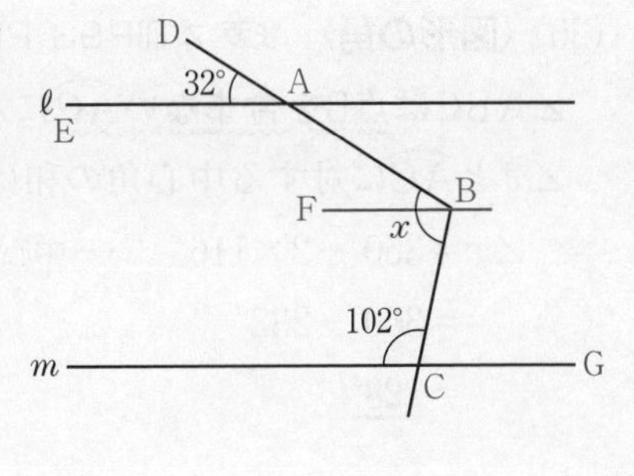

右の図のように，ℓ に平行な直線BFを引く。

$$\angle BCG=180°-102°=78°$$

平行線の同位角と錯角は等しいから，

$$\angle x=\angle ABF+\angle CBF$$

$$=\angle DAE+\angle BCG$$

$$=32°+78°$$

$$=\underline{110°}$$

(27)〈**図形の角**〉 ☞本冊P91 POINT2

正n角形の１つの外角の大きさは$\frac{360°}{n}$であるから，$n=15$を代入して，

$\frac{360°}{15}=\underline{24°}$

(28)〈**確率**〉 ☞本冊P108 POINT

２枚の硬貨をA，Bとする。２枚の硬貨A，Bの表と裏の出方の樹形図は右の図になる。表と裏の出方が４通りで，２枚とも裏が出るのは１通りだから，求める確率は，

A　B
表＜表
　　裏
裏＜表
　　裏

$\underline{\frac{1}{4}}$

(29)〈**比例と反比例・関数$y=ax^2$**〉 ☞本冊P81 POINT2

yはxの ２乗に比例する から，$y=ax^2$（aは比例定数）と表せる。

$x=3$のとき$y=-27$だから，

$-27=a\times3^2$

$-27=9a$

$a=-3$

よって，$\underline{y=-3x^2}$

(30)〈**図形の角**〉 ☞本冊P93 POINT4

∠ABCは点Bを含まない$\overset{\frown}{AC}$に対する円周角である。

∠xと$\overset{\frown}{AC}$に対する中心角の和は360°だから，

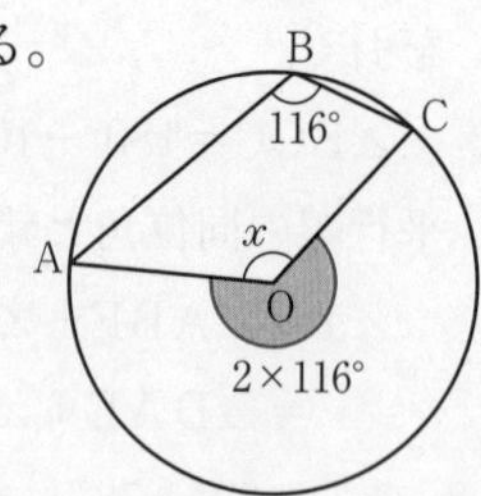

$\angle x=360°-2\times116°$ ← 中心角＝２×円周角

$=360°-232°$

$=\underline{128°}$

3級　過去問題

2次：数理技能検定　解答と解説

1 〈方程式〉 ☞ 本冊P120 Point

(1)　この日に売れたオレンジジュースの本数は，ぶどうジュースのx本の2倍より5本多かったから，

$2x+5$(本)

(2)　この日に売れたりんごジュースの本数は，ぶどうジュースのx本の3倍だったから，この日に売れたジュースの本数について方程式をつくると，

$$3x+(2x+5)+x=41$$
$$6x+5=41$$
$$6x=36$$
$$x=6$$

この解は問題に合う。

よって，**6本**

2 〈空間図形〉 ☞ 本冊P158 Point

(3)　正四角錐だから，底面は1辺の長さが7 cmの正方形である。求める体積は，

$$\frac{1}{3}\times(7\times7)\times8=\frac{392}{3}(\mathrm{cm}^3)$$

(4)　底面が半径5 cmの円だから，求める体積は，

$$\frac{1}{\cancel{3}_1}\times(\pi\times5^2)\times\cancel{6}^{2}=50\pi\ (\mathrm{cm}^3)$$

3 〈関数〉 ☞本冊P130 Point

(5)　点Aは関数$y=-\frac{15}{x}$のグラフ上の点で，x座標は5だから，$x=5$を代入して，

$$y=-\frac{15}{5}=-3$$

関数$y=ax$のグラフは点A(5,　−3)を通るから，$x=5$，$y=-3$を代入して，

$$-3=5a$$

$$\underline{\boldsymbol{a=-\frac{3}{5}}}$$

(6)　$y=-\frac{15}{x}$より，$xy=-15$だから，積が−15になる整数の組み合わせを考える。x座標の小さい順に，(−15,　1)，(−5,　3)，(−3,　5)，(−1,　15)，(1,　−15)，(3,　−5)，(5,　−3)，(15,　−1)の　**8個**。

4 〈文字式〉 ☞本冊P114 Point1

(7)　連続する3つの整数を，もっとも小さい数をnとして表すと，

n，$n+1$，$n+2$

よって，**ア…$n+1$，イ…$n+2$**

(8)　連続する3つの整数の和を，もっとも小さい数をnとして表すと，

$$n+(n+1)+(n+2)=3n+3$$
$$=3(n+1)$$

よって，**ウ…$n+1$**

(9)　(7)，(8)より，連続する3つの整数の和である$3(n+1)$は，中央の数の3倍であることがわかる。

よって，②

なお，$n=1$のとき，

$n+(n+1)+(n+2)=1+2+3=6$（偶数）

$n=2$のとき，

$n+(n+1)+(n+2)=2+3+4=9$（奇数）

偶数と奇数の両方の可能性があるから，④と⑤は選べない。

5 〈三角形と四角形〉 ☞ 本冊P140 POINT

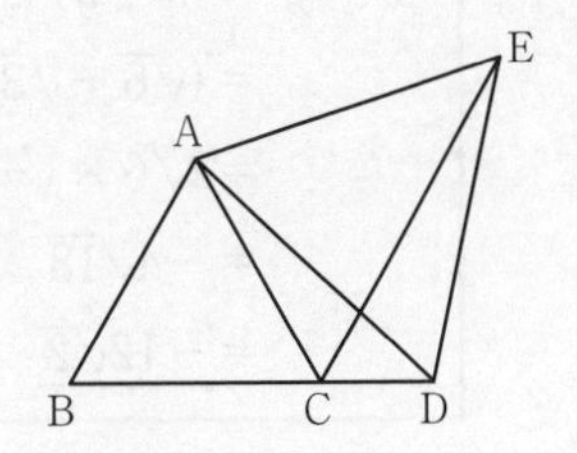

(10)　辺BDを含む三角形と，辺CEを含む三角形に注目する。対応する頂点の順番をそろえて解答する。

よって，△ABDと△ACE

(11)　（証明）　△ABDと△ACEにおいて，

△ABCと△ADEは正三角形だから，

AB＝AC…ⓐ，AD＝AE…ⓑ，∠BAC＝∠DAE＝60°…ⓒ

∠DAB＝∠BAC＋∠CAD…ⓓ

∠EAC＝∠DAE＋∠CAD…ⓔ

ⓒ，ⓓ，ⓔより，∠DAB＝∠EAC…ⓕ

ⓐ，ⓑ，ⓕより，2組の辺とその間の角がそれぞれ等しいので，

△ABD≡△ACE

合同な図形の対応する辺は等しいので，BD＝CE　（証明終）

よって，必要な条件は，①，③，⑥

(12)　(11)より，証明に用いる三角形の合同条件は，②

6 〈平方根〉〈式の展開・因数分解〉 ☞本冊P19 POINT3

(13)　$2<\sqrt{n}<3$ の各辺は正の数だから，各辺を２乗して，

$2^2<(\sqrt{n})^2<3^2$

$4<n<9$

よって，$\boldsymbol{n=5,\ 6,\ 7,\ 8}$

(14)　x^2-y^2 を因数分解してから代入する。

$(x+y)(x-y)$ が $(x+y)\times(x-y)$ であることに注意する。

$$
\begin{aligned}
x^2-y^2&=(x+y)(x-y)\\
&=(\sqrt{6}-\sqrt{3}+\sqrt{6}+\sqrt{3})\times(\sqrt{6}-\sqrt{3}-\sqrt{6}-\sqrt{3})\\
&=2\sqrt{6}\times(-2\sqrt{3})\\
&=-4\sqrt{18}\\
&=\underline{-12\sqrt{2}}
\end{aligned}
$$

7 〈関数〉 ☞本冊P130 POINT

(15)　３秒間で転がる距離は，$y=2x^2$ に $x=3$ を代入して求める。

$y=2\times3^2=\underline{18(\mathrm{m})}$

(16)　32 m転がるのにかかる時間は，$y=2x^2$ に $y=32$ を代入して求める。

$32=2x^2$

$x^2=16$

$x>0$ より，

$x=\underline{4(秒後)}$

(17)　1秒後から3秒後までに転がる時間や距離は，それぞれの差として求める。

転がる時間＝3−1(秒)

転がる距離＝$2\times3^2-2\times1^2$(m)

$$\frac{2\times3^2-2\times1^2}{3-1}=\frac{18-2}{2}$$

$$=\frac{16}{2}$$

$$=(\text{秒速})\ 8\ (\text{m})$$

8 〈標本調査〉 ☞ 本冊 P184 POINT

(18)　4000枚の製品と，その中の2枚の不良品の数の比から，30000枚生産したときの不良品の数を推定する。推定する数をx枚とすると，

$30000:x=4000:2$

$30000:x=2000:1$

$2000x=30000$

$x=$**15(枚)**

9 〈規則性〉

(19)　nを3以上の整数とする。

正方形ⓝの1辺の長さは，正方形$(n-1)$までの正方形を組み合わせてできる長方形の長いほうの辺の長さと等しいので，正方形$(n-2)$，$(n-1)$の1辺の長さの和に等しい。

正方形①，②の1辺の長さは1cmなので，正方形③の1辺の長さは，$1+1=2$(cm)，正方形④の1辺の長さは，$1+2=3$(cm)

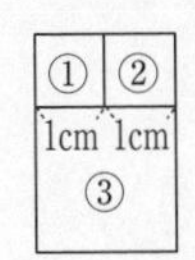

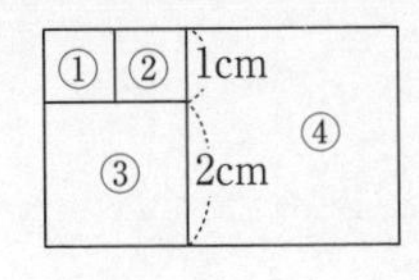

これをまとめると，下の表のようになる。

正方形	①	②	③	④	⑤	⑥	⑦	…
1辺の長さ(cm)	1	1	2	3	5	8		…
			(①＋②)	(②＋③)	(③＋④)	(④＋⑤)		

よって，

正方形⑦の１辺の長さは，$5+8=13$(cm)

正方形⑧の１辺の長さは，$8+13=21$(cm)

正方形⑨の１辺の長さは，$13+21=$<u>**34(cm)**</u>

(20)　設問の図３より，④までの４個の正方形の面積の和が，短いほうの辺が正方形④の１辺で，長いほうの辺が正方形(③＋④＝)⑤の１辺の長さの長方形の面積とわかる。

正方形①から⑫までの12個の正方形の面積の和は，短いほうの辺が正方形⑫の1辺で，長いほうの辺が正方形⑬の１辺の長さである長方形の面積である。

(19)より，

正方形⑩の１辺の長さは，$21+34=55$(cm)

正方形⑪の１辺の長さは，$34+55=89$(cm)

正方形⑫の１辺の長さは，$55+89=144$(cm)

正方形⑬の１辺の長さは，$89+144=233$(cm)

よって，求める面積は，

$144\times233=$<u>**33552(cm^2)**</u>